Harro Heuser

Die Magie der Zahlen

HERDER spektrum

Band 5439

Das Buch

Zahlen halten die Welt zusammen. Das wussten vorzeiten die Babylonier und Pythagoreer, das wissen heute die Physiker und Politiker. Es ist Wissen, das schon immer zu tiefsinnigen, pseudotiefsinnigen und paradoxen Gedankenflügen geführt hat. Wer ihnen folgt, stößt auf Segenszahlen und Satanszahlen, auf prophezeiende Arithmetik und religiöse Heilserwartungen, auf Gleichungen wie „Jesus = 888“ und „Antichrist = 666“. Er stößt auf tollkühne – aber ganz und gar seriös gemeinte – Berechnungen von Weltuntergängen und auf die infernalische Rolle der Sieben im deutsch-brasilianischen Finale der Fußballweltmeisterschaft 2002. Er erfährt, dass die ungeraden Zahlen männlich, die geraden weiblich sind und wie dies nach Meinung tiefer Denker mit der Erschaffung der Welt in genau sechs Tagen zusammenhängt. Geradezu un-heimlich aber sind die Kräfte der Drei, einer Zahl, die man sehr gut eine „Schicksalszahl“ und einen „Tyrannen des Denkens“ nennen könnte. Keine Angst, in diesem Buch geht es nicht um Mathematik, sondern um das „Abgründige“ der Zahlen, die uns jeden Tag begegnen und schon immer voller Mysterien waren. Harro Heuser geht all dem fesselnd, amüsant und klug nach, so dass man sich schließlich selbst dabei ertappt „zahlenmystisch“ zu denken.

Der Autor

Harro Heuser, geb. 1927, Dr. rer. nat. em. Professor für Mathematik an der Universität Karlsruhe, leidenschaftlich an den Beziehungen zwischen Zahlen und Wirklichkeit interessiert. Autor zahlreicher Lehrbücher. Publizistisch tätig zu kulturgeschichtlichen Themen. Vorträge zu wissenschaftsgeschichtlichen Themen in Rundfunk und Fernsehen.

Harro Heuser

Die Magie der Zahlen

Von einer seltsamen Lust, die Welt zu ordnen

HERDER

FREIBURG · BASEL · WIEN

Für Jakob

Gedruckt auf umweltfreundlichem,
chlorfrei gebleichtem Papier

2. Auflage

Originalausgabe

www.herder.de
Herstellung: fgb · freiburger graphische betriebe 2004
www.fgb.de
Umschlaggestaltung und Konzeption:
R·M·E München / Roland Eschlbeck, Liana Tuchel
Umschlagmotiv: © McDermott & McGough, Face of God 1928
© Galerie Bruno Bischofberger, Zürich
ISBN 3-451-05439-6

Inhalt

Vorwort

Alles ist Zahl.

Pythagoras (Philosoph aus Samos, um 500 v. Chr.)

Wenn ihr die Zahlen nicht kennt, wisst ihr nichts.
Die Zahlen sagen, wie man die Welt regieren soll.

Elie Hien (Schamane aus Obervolta im Jahre 2000)

Zahlen sind Instrumente des Zählens. Das ist nicht neu. Gezählt wird überall: in der Werkstatt und in der Landwirtschaft, beim Backen und beim Einkaufen, bei der Steuer und beim Skat. Auch das ist nicht neu. Es war schon nicht mehr neu, als die Sumerer im 4. Jahrtausend v. Chr. ein leistungsfähiges Zahlensystem erfanden. Kaum zu begreifen ist freilich, dass die von Haus aus unsäglich nüchternen Zahlen sich „beseelen" und emotional aufladen konnten, religiös signifikant wurden und zum Himmel hinauf-, zur Hölle hinabführten. Und schwer zu begreifen ist, dass aus dem Arbeitsgerät Zahl eine Zahlen*mystik*, eine „Numerologie", entstehen konnte.

Aber diese Sorte Mystik ist tatsächlich entstanden, und sie ist geblieben bis heute. Was sich schon vor Jahrtausenden bei Buddha und Pythagoras, in der Bibel und im Koran zeigte, zeigt sich immer noch: der „magische" Reiz, den Zahlen ausüben. 1997 gab es in der Staatsgalerie Stuttgart eine große Ausstellung zu dem Thema: „Magie der Zahl in der Kunst des 20. Jahrhunderts". Angesehene Zeitungen und Zeitschriften bringen regelmäßig Artikel über „Mystisches" oder „Ausgefallenes" im Reich der Zahlen. Im *Spiegel* Nr. 27/2002 stand unter der poesievollen Überschrift „Tanz der Variablen" ein mehrseitiger Bericht über ein esoterisches „Ereignis": den endlich geglückten Beweis der „Catalanschen Vermutung", unter den Zahlen 1, 2, 3, 4 … seien 8 (= 2^3) und 9 (= 3^2) die einzigen *unmittelbar aufeinander folgenden* echten Potenzen. Die FAZ fragte bei dieser Gelegenheit am 4. Juli 2002 in genuin zahlenmystischem Geist: „Wie wichtig sind die Zahlen 8 und 9?" „Magische Quadrate" sind ein unentbehrlicher Bestandteil der Wochenzeitschriften. Der *Focus* vom 15. Juli 2002 stellte „100 Fragen zur Allgemeinbildung", darunter: „Was ist eine *vollkommene Zahl*?" Der Begriff stammt aus der Zahlenmystik der antiken Pythagoreer; in ihrem Kreis nannte man eine Zahl „vollkommen", wenn sie die Summe ihrer echten Teiler ist. Die erste vollkommene Zahl ist 6. Wir können uns kaum noch vorstellen, wie sehr die Vollkommenheit der Sechs Menschen in ihren Bann geschlagen hat. Den heiligen Irenäus (um 115–202) erfüllte es mit Glücksgefühlen, dass die Anzahl der Buchstaben im Namen Ιησους (Jesus) genau sechs ist; der heilige Augustinus (354–430) war davon überzeugt, dass Gott die Welt in sechs Tagen geschaffen hatte, weil die Sechs vollkommen ist.

Doch nun ein kurzer Blick in unsere eigenen Zeiten. Bundeskanzler Schröder sagte in der Neujahrsansprache 1999: „Schon die Jahreszahl 2000 hat für viele einen fast magischen Klang – den Klang einer neuen Epoche voller Möglichkeiten, von denen frühere Generationen nur träumen konnten." Einzig auf den „magischen Klang" einer Zahl vertrauend, erfand die FDP für das Wahljahr 2002 das famose „Projekt *18*". Das „Projekt" war kein Projekt, es war nur der Wunsch einer kleinen Partei, bei der Bundestagswahl 2002 endlich größer zu werden und mindestens *18* Prozent der Stimmen einzufahren. Die *18* des „Projekts" wurde von dem Plan begleitet, *18* Millionen Mark hierfür zu sammeln und mit der Kollekte am *18*.6.2001 zu beginnen. Über Nacht verselbständigte sich die *18*. Es gab die „Freunde der *18*", und die „Freunde" sprachen nicht mehr von dem „Projekt *18*", sondern mit stark numinosem Schauder von der „Mission *18*". Kann man sich der FDP-*18* irgendwie geistig nähern? Man kann es – man kann es sogar auf vielerlei Wegen. Zum Ersten kann einem die altägyptische Inschrift helfen: „Gebt mir *18* Becher Wein, denn ich will trunken werden." Zum Zweiten kann man sich daran erinnern, was der eigentliche Erfinder des „Projekts *18*", Jürgen Möllemann, gesagt hat. Der *Spiegel* vom 17. Juni 2002 fragte ihn: „Warum ausgerechnet 18? Warum nicht 17 oder 19?" Der Politiker gab dem Magazin die zahlenmystisch ganz auf die 8 in der 18 fixierte Antwort: „Diese 8 ist so wunderschön. Sie ist ja auch ein Symbol für Fruchtbarkeit, für Sex." Hat Möllemann etwa an den achteckigen Stern gedacht, der einst in Babylon als Symbol der Liebesgöttin Ischtar galt? Aber warum hat er gerade im Kontext der FDP als Heilspartei nicht an die achteckige Krone des „Heiligen römischen Reiches deutscher Nation" gedacht, warum nicht an das Achteck als Grundfigur der Kapelle Karls des Großen in Aachen? Warum nicht an die acht Seligpreisungen und nicht, wie es die frühen Christen getan hätten, an die acht Buchstaben im Erlösernamen Χριστουζ (Christus). Die Acht ist weit mehr als ein Babylonisch-Möllemannsches „Symbol für Sex": Sie ist nichts weniger als die „heilige Ogdoas". Das hat Möllemann nicht beachtet. Bei der Wahl 2002 hat sich die auf Sex restringierte Acht denn auch furchtbar gerächt: Die FDP erhielt nicht 18, sondern kaum mehr als sieben Prozent der Stimmen. Und aus der „Mission 18" wurde über Nacht der „Quatsch mit der 18".

In dem amerikanischen Film *Der Fan* ist ein gefeierter Baseballspieler so zahlengläubig wie Möllemann und hat sich darauf versteift, nur in dem Trikot mit der Nummer 11 zu spielen. Das Ersatztrikot 33 lehnt er ab. Sein Freund redet ihm besänftigend zu: „Hör mal! 33 ist so gut wie 11, eher noch besser: 33 ist *drei*mal die 11, außerdem ist Jesus 33 Jahre alt geworden, und die Leute reden heute noch von dem Burschen."

Zahlenmystik ist keineswegs nur die Sache von Wahlhaien und Baseballspielern. Ein genialer Physiker wie Wolfgang Pauli war tief bewegt von seiner Entdeckung, dass 137 der Zahlenwert des hebräischen Wortes *Kabbala*, der Kehrwert hiervon (also 1/137) aber die fundamentale „Sommerfeldsche Feinstrukturkonstante" der Atomphysik ist. Hat der Mensch erst einmal lange genug Umgang mit Zahlen gehabt, dann glaubt er zu wissen, dass eine „Kraft" von ihnen ausgeht. Dann glaubt er zu erkennen, dass man Zahlen für Segnungen und Verfluchungen nutzen kann. Das „Wissen" um die mysteriöse Macht der Zahlen reicht weit zurück – zurück bis in das alte Babylon. Es ist ein „Wissen", das von den Gelehrten (den „Chaldäern") dieser glanzvollen Stadt zu den Pythagoreern und von diesen dann zu keinem Geringeren als Platon (427–347 v. Chr.), dem philosophischen Übervater Europas, gewandert ist. Dieser große Geist litt bis ins hohe Alter an Zahlensucht im finalen Stadium. Allen Ernstes glaubte er, eine mächtige „Zeugungszahl" bestimme den günstigsten Zeitpunkt des Zeugungsaktes. Er setzt uns die Sache umständlich auseinander, kann aber nicht gehofft haben, dass wir ihn verstehen; schon die Antike benutzte den Ausdruck „dunkler als Platons Zahl", um eine Sache als schlechthin unbegreiflich zu brandmarken. Der Meisterdenker schließt seinen vollendet obskuren Text mit den Worten: „Diese ganze geometrische Zahl waltet über besseren und schlechteren Zeugungen" (*Staat* 546 c). Wenn dem so wäre, könnte einem die Lust am Zeugen leicht vergehen.

Die Zahlenmystik versteht sich, wie die Mathematik, als Verkünderin „ewiger Wahrheiten", die sich konstant durch alle Epochen hindurchziehen. Deshalb hat sie selbst auch keine Epochen: sie ist „geschichtslos", ein *rocher de bronze*, ein „Phänomen". Gerade deshalb aber ist sie für den so faszinierend, der das Konstante – pathetisch gesagt: das „Ewige" – im Menschen tiefer verstehen möchte. In ihr stehen die Chaldäer Babylons Schulter an Schulter neben einem Philosophen wie Platon, einem Heiligen wie Augustinus, einem Nobelpreisträger wie Wolfgang Pauli, einem Musterintellektuellen wie Johannes Gross und einem Jetztzeitschamanen wie Elie Hien aus Obervolta. Nichts ist aufschlussreicher, als diese Gestalten dort wandeln zu sehen, wo sie gewandelt sind: auf den Schattenpfaden der Zahlenmystik. Nicht weniger aufschlussreich ist es, zahlenmystisches Denken bei jenen „beinharten Realisten" zu finden, die glauben, es sei viel geschehen, wenn die Zahl der Arbeitslosen von 4,01 Millionen glücklich auf 3,99 Millionen gesunken ist, denn dabei sei doch eine „magische Marke", die 4-Millionen-Marke, durchbrochen worden. In der Welt der Börsianer schließlich liegen „magische Marken" haufenweise herum – „magische Marken" bei Devisenkursen, beim Goldpreis, bei Rohstoffpreisen, beim DAX, beim Dow-Jones-Index, eigentlich bei allem Bezifferbaren. Ungeniert und öffentlich sprechen diese Realos von der „Magie der runden Zahl". Ungeniert und öffentlich erschrecken sie, wenn der DAX unter die „runde Marke 3000" fällt. Der *homo erectus* ist nicht, was er sein möchte – ein *homo sapiens sapiens* – er ist ein *homo sapiens irrationalis*, bei dem vieles drunter und drüber und quer durcheinander geht. Dieser *homo* denkt schräg, er dachte schon schräg, als Eva den Apfel pflückte und Adam krachend hineinbiss. Und nirgendwo zeigt sich sein schräges Denken offenherziger als in der Zahlenmystik, die ihm seit alters als höchst respektabel gilt.

Im Josephsroman erzählt Thomas Mann: „[Joseph] lernte das Wunder und das Geheimnis der Zahl, die Sechzig, die Zwölf, die Sieben, die Vier, die Drei, die Göttlichkeit des Maßes und wie alles stimmte und einander entsprach, so dass es ein Staunen war und eine Anbetung des großen Einklangs." Manns Zahlen sind die „großen Zahlen" unserer orientalisch-okzidentalen Kultur. Nur eine hat er vergessen: Die Eins, obwohl gerade sie sich in einer übermächtigen Gestalt aus Josephs Welt verkörpert: in der Gestalt des singulären Jahwe, des Gottes ohne Zweitgott. Ich habe den Mannschen Zahlen denn auch gebührenden Raum gegeben und mich dabei an des Dichters Reihenfolge gehalten: 60, 12, 7, 4, 3, dazu noch die 1.

1 Numinoses im Nüchternen

Alles aus nichts erschaffne Reale, wie z. B. die Zahlen und die abstrakten Ausdrücke, hat eine wunderbare Verwandtschaft mit Dingen einer andern Welt, mit unendlichen Reihen sonderbarer Kombinationen und Verhältnisse.

Novalis (1772–1801)

Im Anfang war die Zahl. Schon Jahrtausende vor dem Wunsch, Worte schriftlich zu fixieren, hat sich das Bedürfnis geregt, *Anzahlen* in Zeichen festzuhalten, vor allem – als Ausweis von Kraft und Geschick – die Anzahl erlegter Tiere: Der frühe Mensch war, was er sein musste, nämlich Jäger; aber er war auch, was er nicht sein musste: Buchhalter. 1937 wurde in der Tschechoslowakei ein rund 25 000 Jahre alter Wolfsknochen gefunden, der 55 Kerben in schön geordneten Fünfergruppen trägt: das Hauptbuch eines kontoführenden Eiszeitjägers.

Den erdgebundenen „Zahlen" des frühen Menschen war es wider Erwarten beschieden, sich in spirituelle Wesenheiten zu verwandeln. Am Anfang dieser mysteriösen Mutation scheinen die Babylonier gestanden zu haben. Ihnen wurden die Zahlen numinos, weil sie ihnen vom Himmel zu kommen schienen: Diesem Volk von Sternbeobachtern offenbarten sich die Zahlen in den wunderbar regelmäßigen Bewegungen der Himmelskörper (*Epinomis* 977a–b). In einem arithmotheologischen Paroxysmus verstiegen sich die glaubensseligen Menschen zwischen Euphrat und Tigris schließlich sogar dazu, Götter mit Zahlen zu benennen und so *Zahlen zu Göttern zu machen.* (Dem frühen Denken flossen Name und Sache zusammen: Der Gott, der „Dreißig" hieß, machte die Dreißig zum Gott.) So kannten sie etwa die „Gleichungen" Anu (Gott des Himmels) = 60, Enlil (Gott der Erde) = 50, Ea (Gott des Süßwasserozeans) = 40. Die babylonische Vergöttlichung der Zahlen ist die eigentliche Wurzel der Zahlenmystik, die ja eine „Wissenschaft" von den göttlichen Kräften der Zahlen sein will. Im alten Ägypten haben wir Parallelphänomene, die das Göttliche mit dem Zahlenhaften verknüpfen. Auch dort werden Zahlen gelegentlich zu Namen für Götterkollektive. Die „Achtheit" etwa waren vier Urwesen, die sich zu acht Geistern verdoppelten; die „Neunheit" war eine Gruppe von neun Göttern, denen es oblag, die Elemente des Kosmos in Fleisch zu verwandeln.[1] Es versteht sich, dass die Göttlichkeit dieser Kollektive auf ihre Zahlennamen abfärben musste. Kein Ägypter konnte mehr von irgendeiner „Achtheit" oder „Neunheit" reden, ohne einen numinosen Schauder zu empfinden. Man sollte hier an Ignatius von Loyola (1491–1556), den Gründer des Jesuitenordens, denken. Von ihm wird erzählt, die Drei habe ihn aufs Tiefste bewegt: Jede Dreiheit habe ihn zu Tränen gerührt, weil sie ihn an die Dreieinigkeit erinnerte.

Die Babylonier waren aber auch Meister einer ganz und gar seriösen Wissenschaft von den Zahlen; u.a. schufen sie (wie nur noch die Inder und Mayas) ein Positionssystem mit einer Null. Gleichzeitig aber betrieben sie, gestützt auf die göttlichen und zukunftssteuernden Kräfte der Zahlen, eine „Vorbedeutungsarithmetik". Pythagoras (6. Jahrhundert v. Chr.), ein Grieche, der lange im Orient studiert und sich zu einer nie wieder gesehenen Kreuzung zwischen Guru und Gauß ausgewachsen hatte, brachte dieses alte Zahlendenken auf den Punkt mit seinem Diktum: „Alles ist Zahl." In seiner babylonisch grundierten „Zahlentheologie" verkündete er, „das Wesen der Götter sei durch die Zahl bestimmt. Mittels Zahlen machte er auch erstaunliche Voraussagen und schuf eine Götterverehrung, die auf der Zahl beruhte."[2] Seit Babylon gehören Zahlen zur Theologie, und noch im christlichen Mittelalter sah man das so.

Schon die babylonischen Priestergelehrten werden den Gedanken gefasst haben, den ihr griechischer Schüler dann zur Reife gebracht hat: dass in dieser Welt der Vergänglichkeiten Zahlen und Zahlenbeziehungen *unvergänglich* sind und so zum Reich des Göttlichen gehören: „Unvergänglichkeit bringt in Gottes Nähe", sagt das alttestamentliche *Buch der Weisheit* (6,19). Die Fünf war immer die Fünf, nie die Vier; drei war immer kleiner als sechs; 4 + 3 war immer 7, mochte es sich um Schafe oder um Backsteine handeln. Hier ging es um ewige Wahrheiten, um Gotteswahrheiten, die den Zahlen selbst Göttlichkeit verliehen. Jahrtausende nach den Babyloniern hat Galilei in vollendet babylonischem Geist den Menschen seiner Mathematik wegen in Gottes Nähe gerückt: Gott, sagt er, erkennt zwar viel mehr mathematische Wahrheiten als der Mensch, nämlich alle, „die wenigen aber, welche der menschliche Geist begreift, kommen meiner Meinung nach an objektiver Gewissheit der göttlichen Erkenntnis gleich".[3] Mensch und Gott begegnen sich im Medium der Mathematik. Jahwe wird (anders als die Inquisition) hierzu beifällig gelächelt haben. Der Himmelsherr ist willentlich und bewusst ein *mathematischer* Gott, alles hat er „geordnet nach Maß, Zahl und Gewicht". (Dieser Satz aus dem *Buch der Weisheit* 11,20 ist eine kurz gefasste „Theologie der mathematischen Physik".) Ein solcher Gott passioniert sich dafür, die Erde abzumessen, die Sterne am Himmel und die Haare auf den Köpfen zu zählen;[4] nach einem schönen jüdischen Wort zählt er auch die Tränen der Frauen. Auch sein Personal hält er zum Messen und Zählen an; ein Engel ist es, der wie in der Großen Oper mit einem goldenen Messstab das Neue Jerusalem festlich und feierlich vermisst, ohne praktische Absichten, nur der Messlust wegen.[5] Zählen und Messen gehören zu den Wonnen der Götter. Einer der 99 Namen Allahs ist denn auch „der Zähler". Der Koran sagt, Allah sei ein „schneller Rechner" und habe seine Diener alle gezählt, nicht flüchtig und obenhin, sondern „mit einer genauen Zahl",[6] ganz so wie Jahwe die „Sternlein" gezählt hat, auch er mit einer genauen Zahl („dass ihm auch nicht eines fehlet"). Ein passionierter Zähler und Messer war auch der ägyptische Gott Thot, ein wissenschaftlich hochtalentiertes Jenseitswesen, das es in seinen besten Tagen als Hermes Trismegistos zu einer gediegenen Reputation brachte. Thot unterzieht Ägypten einer sorgfältigen Vermessung, er steht dem Katasteramt vor und beaufsichtigt die Wägemeister – nichts Zählbares entgeht ihm. Götter zählen gern, sie haben unleugbar etwas Kassiererhaftes.

Virtuos zählte und maß auch die Pythia von Delphi. Nach eigener Aussage kannte sie die Zahl der Sandkörner am Ufer des Meeres und die Weite des Letzteren. Zählen scheint nicht nur für Götter lustvoll zu sein! Kinder zählen Autos, Fenster, Fliesen, Pflastersteine usw. usw. So mancher Erwachsene zählt – nur des Zählens wegen – die Treppenstufen, die er hinauf- und hinabsteigt. Seriöse Gelehrte zählten, wie oft in Cervantes' Roman die Namen „Don Quixote" und „Sancho Pansa" vorkommen; sie treten, das ist kurios, gleich oft auf: 2143mal. Im 16. Jahrhundert stellte sich ein gewisser Johann Weier die Aufgabe, vor der so mancher mindere Mann zurückgeschreckt wäre: den Personalbestand der Hölle zu berechnen. Ohne die Unterwelt aufgesucht zu haben, veranschlagte Weier 1111 höllische „Legionen" (eine Zahl, die denselben Reiz beanspruchen darf wie der Karnevalsbeginn am 11.11. um 11 Uhr 11) und billigte jeder Legion 6666 „Komplizen" zu. Somit gibt es 1111×6666 = 7 405 926 Höllenhelfershelfer. Voilà!

Selbst Goethe, der bekennende Nichtzähler, liebte die „genaue Zahl", jedenfalls wenn es um die wirklich wichtigen

Dinge des Lebens ging, also um Honorare, Steuern und Portokosten. Auch der Christusverkünder Reinhard Bonnke, der in Afrika atemlos Bekehrung auf Bekehrung tätigte, schwor auf genaue Zahlen. Am 14. Januar 2002 meldete *Focus*, der Missionierungs-Hennecke habe bisher 1 723 652 Bekehrte vorzuweisen. „Genaue Zahlen" haben einen eigenen Charme. Die Angabe „1 723 652" ist ungleich beeindruckender als die Auskunft „etwas mehr als 1,7 Millionen" oder „etwas weniger als 1,8 Millionen". Sogar fiktive „genaue Zahlen" haben einen eigenen Reiz. Anfang Juni 2003 gab der Vorsitzende der nordrhein-westfälischen SPD der kränkelnden rot-grünen Koalition in Düsseldorf eine Überlebenschance von 51 %, Ministerpräsident Steinbrück hingegen kommentierte ironisch, seine Prognose sei 51,3578 %.

Das hinreißendste Beispiel des Zählens „mit einer genauen Zahl" wird immer Leporellos Registerarie in Mozarts *Don Giovanni* sein, wo der dicke Diener die „Weiberunternehmungen" seines Herrn in nacktester und präzisester Numerik auflistet:

> In Italien sechshundertvierzig,
> In Deutschland zweihunderteinunddreißig
> Hundert in Frankreich, in der Türkei einundneunzig,
> Aber in Spanien schon tausendunddrei.[7]

Es gibt eine rauschhafte Begeisterung für *Riesenzahlen*, für Zahlen, die ihrer schieren Größe wegen mit irdischen Petitessen nichts, rein gar nichts zu tun haben und eben deshalb hoch hinauf ins Religiöse ragen. Was in dem Text steht, der Gautama als den Buddha ankündigt, ist völlig losgelöst von krämerhafter Zählerei:

An zweiunddreißig Haupt- und achtzig Nebenzeichen wird Buddha, an zweiunddreißig seine Mutter, an acht das Haus, in dem er geboren werden soll, erkannt werden. Von zehn Millionen

Frauen wird seine Mutter ... bedient. Hunderttausende von Heiligen und hunderttausend Millionen von Erleuchteten werden Buddha huldigen. Sein Thron ist zusammengesetzt aus den guten Werken während hunderttausend Millionen von *kalpas* (d.h. von mythischen viertausenddreihundertzwanzig Millionen Jahren). Der große Lotos aber, der in der Nacht der Empfängnis des Buddha aufblüht, öffnet seine Blume in einer Weite von achtundsechzig Millionen Meilen.[8]

Das Numerische war immer und in der ganzen Welt mit Numinosem durchtränkt. Bei den Babyloniern (das wissen wir schon) dienten Zahlen als Götternamen. Das indische Sakralbuch *Satapatha Brahmana* ging noch weiter und stellte die Zahlen von 1 bis 101 als veritable *Götter*, nicht nur als Götter*namen*, dar. Bei den Mayas in Mittelamerika waren die Zahlen von 1 bis 13 heilige Wesen. Viele Völker kannten eine Einteilung der Zahlen in *gerade* und *ungerade*, die tief ins Emotionale und Religiöse hinabreichte. In der chinesischen Mythologie symbolisierten die ungeraden Zahlen die Nacht, die Kälte, das Wasser und die Erde, die geraden Zahlen den Tag, die Wärme, die Sonne und das Feuer. Die Muslime wissen: „Gott ist ungerade, er liebt das Ungerade." Im Sumerischen bedeutete das Wort *gesch* den Mann *und* die Eins, das Wort *min* die Frau *und* die Zwei; vielleicht war es unter sumerischem Einfluss, dass die Pythagoreer die ungeraden Zahlen für männlich, die geraden für weiblich hielten.[9] Die Afrikaner sind Pythagoreer, bei ihnen ist *männlich* = 3, *weiblich* = 2; auch Sigmund Freud sah in der Drei die männliche Zahl *par excellence.* (Dieses Resultat stellte sich ihm ein, indem er einen Penis zu zwei Hoden addierte: *phallus cum testiculis.*). In vielen Fällen galten ungerade Zahlen als gut, gerade als böse. Vergil (70–19 v. Chr.), der berühmteste Dichter des Augusteischen Zeitalters, schrieb zum Lob des Ungeraden: „Gott freut sich an der ungeraden Zahl."[10] Shakespeares frivoler Lebenskünstler

Falstaff ist sich sicher, dass ungerade Zahlen Glück bringen, sogar – wer hätte das gedacht – beim Sterben.[11]

In der ersten geraden Zahl, der Zwei, schien sich Unheimliches gefährlich zu verdichten; Friedrich Rückert schrieb:

> Die Zwei ist Zweifel, Zwist, ist Zwietracht, Zwiespalt, Zwitter,
> Die Zwei ist Zwillingsfrucht am Zweige, süß und bitter.

Grandios steigert der persische Religionsstifter Zarathustra das Zwistige der Zwei ins Weltstrukturierende hinauf: Was immer geschieht, geschieht dank des Kampfes zwischen *zwei* Göttern: dem guten Gott Ahura Mazda und dem bösen Gott Ahriman. Seit eh und je repräsentiert die Zwei knisternde Polaritäten und explosive Spannungsverhältnisse: „Engel und Teufel", „Tugend und Laster", „Hirn und Hoden", „Theorie und Praxis".

In Zentralsumatra ist es anders, dort ist *gerade = gut, ungerade = schlecht.* In Zentralsumatra gilt somit, wie in Deutschland, die Dreizehn als eine Unglückszahl. Den berüchtigten „Freitag, den Dreizehnten" empfindet allerdings nach einer Allensbach-Umfrage von 1998 nur noch ein knappes Viertel der Deutschen als unglücksträchtig. Unselig eingeprägt hat sich „Freitag, der Dreizehnte" freilich als Tag des Großen Börsenkrachs 1927 und dann noch einmal, als „Apollo *13*" am 11. April 1970 um *13* Uhr *13* die Erde in Richtung Mond verließ, und am *Freitag*, dem *13.* April eine Explosion kurz vor der geplanten Landung auf dem Erdtrabanten einen Sauerstofftank zerstörte. Das Raumschiff konnte nur mit Mühe zur Erde zurückkehren.

Vom Numinosen der Zahlen künden auch die weltweit verbreiteten Tabus gegen das Zählen und Gezähltwerden.[12] Bei den Bakongo am unteren Kongo gilt es als unheilvoll, Kinder abzuzählen: Der Böse Geist hört das und tötet einige der Kleinen. Die Indianer Nordamerikas hatten immer eine starke Abneigung dagegen, gezählt zu werden; in British Columbia machten sie eine Volkszählung sogar verantwortlich für eine Masernepidemie. Dazu passt die klassische Stelle in 2 Samuel 24: „Und der Zorn des Herrn entbrannte noch einmal gegen Israel, und er reizte David gegen das Volk und sagte: Geh, zähle Israel und Juda." Die Gottesstrafe „Volkszählung" dauerte fast zehn Monate. „Dann aber schlug David das Gewissen, weil er das Volk gezählt hatte." Und der Herr schickte als Strafe für die von ihm befohlene Volkszählung eine Pestilenz, „und es starben zwischen Dan und Beerscheba siebzigtausend Menschen im Volk".

In den USA ordnet zwar nicht Gott selbst, aber doch die Instanz unmittelbar nach ihm – die Verfassung – Volkszählungen im Turnus von zehn Jahren an. Den *Census* am 1. April 2000 kommentierte der obdachlose Lendo Armstrong in Washington D. C. allerdings ganz anders als weiland die Israeliten; zufrieden meinte er: „Es ist schön, gezählt zu werden. Es macht einem klar, dass man am Leben ist."

Verwandtschaft mit dem Numinosen kann den Zahlen schon durch die bloße Gestalt der Zahlzeichen zuwachsen. Das griechische Zeichen für 300 ist T (großes *Tau*), T ist aber auch das Bild des Kreuzes Christi, und so war denn immer etwas ausnehmend Heiliges um die Dreihundert: Kein Wunder, dass man mit dem lauten Ruf „Dreihundert" rasch, wirksam und billig sogar Dämonen vertreiben konnte. Das Mittelalter glaubte unbeirrbar an übernatürliche Kräfte der Zahlen: Sylvester II., der „Papst des Jahres 1000", besaß einige mathematische Bücher, befasste sich also wohl mit Zahlen und galt deshalb den Leuten als Zauberer. Die Kirche wehrte sich anfänglich gegen die arabischen Ziffern, weil sie fürchtete, mit diesen heidnischen Zeichen werde auch heidnischer Geist in die Christenheit einziehen. Dante schrieb seine *Göttliche Komödie* in Terzinen – *3* Verse mit je *11* Silben, pro Terzine also *33* Silben – und gliederte das große Werk in *3*

Hauptstücke (*Hölle, Purgatorium, Paradies*) zu je *33* Gesängen; dazu kommt noch ein Introitus. Die *3* weist auf die heilige Dreieinigkeit, die *33* auf die Zahl der Lebensjahre Christi hin. Dürer hat in seinen Kupferstich *Melencolia 1* ein „magisches Quadrat" eingefügt:

16	3	2	13
5	10	11	8
9	6	7	12
4	15	14	1

Das „Magische" dieses Quadrats besteht darin, dass in seinen sechzehn Kästchen die sechzehn Zahlen 1, 2, 3 … 16 so kunstvoll verteilt sind, dass die Zahlen jeder Zeile, jeder Spalte und jeder Diagonalen immer ein und dieselbe Summe ergeben: 34. Für Dürer war besonders anrührend, dass genau in der Mitte der untersten Zeile die Zahlen 15 und 14 nebeneinander erscheinen: 1514 war nämlich das Todesjahr seiner Mutter und das Jahr, in dem er die *Melencolia 1* vollendete.

Magische Quadrate gehören zu den wichtigsten Wegen vom Numerischen zum Numinosen; sie haben überall einen Zauber eigener Art besessen. Sie dienten als religiöse Symbole, als Amulette zur Abwehr böser Geister und als Hilfsaggregate der Wahrsagerei. Die Chinesen schrieben den magischen Quadraten ein hohes Alter und damit eine hohe Würde zu. Als ihr Erfinder galt der legendäre Fuh-Hi (um 2800 v. Chr.). Man erzählte sich aber auch, dass das erste magische Quadrat – bestehend aus neun Feldern – dem mythischen Helden Yü, dem Überwinder des furchtbaren neunköpfigen Drachens, von einer Schildkröte gebracht wurde. Zwischen 750 und 1100 n. Chr. beschäftigten sich vornehmlich Araber mit magischen Quadraten. Zu besonderem

Ruhm gelangte das nach Gabir Ibn Haiyan genannte „Geber"-Quadrat:

4	9	2
3	**5**	7
8	**1**	6

Die vier fett gedruckten Zahlen ergeben die Summe 17 – das aber ist für den Muslim eine heilige Zahl, nämlich die Anzahl der Worte im Gebetsruf. Die fünf Restzahlen haben die Summe 28, und diese Zahl hat ihrerseits hochwichtige Bedeutungen: Sie gibt die Anzahl der Buchstaben im arabischen Alphabet an (also im Alphabet der Sprache Allahs!), ferner zählt sie die Tage zweier Naturperioden: des Mondzyklus und des Menstruationszyklus. Kundige Ärzte schrieben also dem „Geber"-Quadrat eine geburtserleichternde Wirkung zu. Im Maghreb schätzt man das folgende „magische" Quadrat, bei dem die Zahlen von 18 bis 26 auf 9 Kästchen verteilt sind):

21	26	19
20	22	24
25	18	23

Die Zahlen jeder Zeile, Spalte und Diagonale addieren sich zu 66. Und das tief Bedeutsame ist nun, dass diese 66 für den Namen „Allah" steht. Das obige Quadrat ist also extrem magisch, und der Leser ahnt ganz richtig, dass es zuverlässig gegen Dämonen schützt, Gottes Gnade herabruft und als nicht zu verachtende Zugabe auch noch Reichtum beschert.

Zahlen dringen auch deshalb tief in uns ein, weil sie „Botschaften" aufs Schärfste zuspitzen. Im niedersächsischen

Landtagswahlkampf 2003 propagierte der Ministerpräsident Gabriel die Wiedereinführung der Vermögenssteuer für Zwecke der Bildung mit der arithmetischen These „1 Prozent Vermögenssteuer für 100 Prozent Bildung". Auf dem Weltwirtschaftsgipfel der G 8 im Jahre 2001 hatten die Globalisierungsgegner den griffigen numerischen Slogan parat: „Ihr: G 8. Wir: 6 Milliarden." Nachdem die Polizei einen Demonstranten erschossen hatte, hieß es noch numerischer: „Ihr G 8. Wir: 5 999 999 999." Bei Lohnverhandlungen hat die „Zahl vor dem Komma" geradezu sakralen Rang; man redet denn auch ungeniert von der „magischen 3" oder der „magischen 4" vor dem Komma. Nicht anders ist es bei Wahlen. Gerhard Bökel, der Spitzenkandidat der SPD im hessischen Landtagswahlkampf 2003, erlebte ein entsetzliches „Debökel" (Harald Schmidt): Im „roten Hessen" erhielt seine SPD nur 29,1 Prozent der Stimmen. „Wenn die Wähler ihm doch wenigstens vorne eine 3 gegönnt hätten!", schrieb die FAZ am 6. Februar 2003 mit einigen Krokodilstränen – und traf damit gewiss die Seelenlage vieler.

Zum Jahr 2000 forderten die Grünen eine allgemeine Amnestie. Warum? Weil 2000 eben 2000 sei. Überhaupt 2000! Besitzer von Kampfhunden demonstrierten am 1. Mai 2000 gegen die Gegner ihrer lieben Kleinen mit dem engagierten Satz, die Politik eines Hunde-Rassismus dürfe es „im 21. Jahrhundert" nicht mehr geben. Die Menschheit hat sehr unter dem muffigen Zweitausend-Pathos leiden müssen („jetzt, auf der Schwelle zum neuen Jahrtausend ...", „das neue Jahrtausend wird ganz neue Anforderungen stellen"[13]). Außenminister Joschka Fischer verlangte auf dem Parteitag 2001 der Grünen, dass sich der Pazifismus seiner Partei endlich ändere. Warum? Sehr einfach: weil sich das Jahrtausend geändert habe. „In der Welt des 21. Jahrhunderts werden wir um den Faktor Militär nicht herumkommen." Die CDU-Vorsitzende Merkel ernannte ihre Partei flugs zur „Partei des

21. Jahrhunderts". Leerer als der Pomp des „neuen Jahrhunderts"/„neuen Jahrtausends" kann ein Pomp nicht sein. Denn unser Jahreszählsystem krankt daran, dass sein Anfangspunkt – Christi Geburt – erstens willkürlich und zweitens historisch falsch ist, denn Christus ist etwa 7 v. Chr. geboren. Der Historiker Arnulf Baring meinte freilich im *Spiegel* vom 14.5.2001, „die Zahl 2000 mit ihren drei Nullen leg[e] Distanz zum zwanzigsten Jahrhundert". In der Tat, sie wirkt auf den Zurückschauenden wie eine Glasscheibe: Sie lässt den Blick zwar frei, aber sie trennt.

Am Anfang des Jahres 1999 nahm die israelische Polizei mehrere Mitglieder der US-Sekte *Concerned Christians* fest. Die Sekte, vermuteten die Israelis, wolle gegen Ende des Jahres in Jerusalem einen Massenselbstmord veranstalten, um dem Weltuntergang am 31. Dezember 1999 auf die Sprünge zu helfen. Mehr Vertrauen in die Eigendynamik des kosmischen Kladderadatsch zeigte der Aktionskünstler Peter Kelly aus Philadelphia, der in der Neujahrsnacht 1999 auf dem New Yorker Times Square ein apokalyptisches Pappschild mit der Botschaft hochhielt: „THE END IS NEAR". Womit wir nun endlich bei dem tiefsten Grund des makabren Zaubers der Zahl 2000 – besser: der *Tausenderzahlen* – angelangt sind. Im Kapitel 20 der *Offenbarung des Johannes* lesen wir, dass ein Engel vom Himmel herabstieg und „den Drachen [überwältigte], die alte Schlange – das ist der Teufel oder der Satan –, und er fesselte ihn und warf ihn in den Abgrund für tausend [!] Jahre". Nach diesem Debakel des Gottseibeiuns bricht das „Millennium" an, das Tausendjährige Reich des Friedens und des Glückes. Nach Ablauf der tausend Jahre bekommt der Teufel, was er besser nicht bekommen hätte: Freigang – und jetzt ist hier unten die Hölle los: Gewaltige Beben erschüttern die Erde, die Sonne wird schwarz, der Mond blutrot, die Berge werden weggerückt: Die Welt geht in die Brüche, dass es eine Art hat (Offb 6,12–13). Von daher ist dem Wort

„Millennium" fälschlich die Vorstellung des Grauens und der Katastrophe zugewachsen.

Ein Datum kann Ziffernfolgen – meistens Ziffernrepetitionen – enthalten, die (man weiß nicht warum) numinos wirken z. B. 9.9.1999. An diesem Tag waren denn auch die Standesämter von Heiratswilligen überflutet, und in Kuala Lumpurs größtem Tempel gaben sich genau 99 Paare um 9.09 Uhr das Jawort. Der thüringische Ort Körner mit der Postleitzahl 99998 erhielt für den 9.9.1999 die Postleitzahl 99999. Den Vogel schoss Philippsreut ab: 9 Paare schlossen in 999 Meter Höhe den Bund fürs Leben und feierten das Ereignis mit einem 9-Gänge Menü für DM 99,99. Magie der Zahl! Magie der Repetition! Wie dürr und dürftig mutet da der Satz einer deutschen Standesbeamtin an: „[Der 9.9.1999] ist ein leicht zu merkender Termin und wird wohl hauptsächlich von den Männern geschätzt, die ja den Ruf haben, den Hochzeitstag zu vergessen."

Macht und Magie des Datums zeigte sich auch bei der Schlussberatung des Grundgesetzes am 8. Mai 1949. (Ein anderer 8. Mai, der des Jahres 1945, war der Tag der deutschen Kapitulation gewesen.) Eine halbe Stunde vor Mitternacht lagen dem Parlamentarischen Rat noch sieben Wortmeldungen vor. Der Präsident des Rats, Konrad Adenauer, sagte daraufhin: „Ich glaube, die meisten unter uns haben den Wunsch, dass … das Grundgesetz das Datum des 8. Mai tragen möge. [Das war Zahlenmystik pur. Wer hätte sie dem „Alten" je zugetraut?] Es ist jetzt 11 Uhr 35 Minuten … Die Franzosen lassen die Uhr stillstehen. Wir haben keine hier. Aber ich möchte die dringende Bitte an Sie richten, sich, wenn irgend möglich, so kurz zu fassen, dass wir vor 12 Uhr fertig werden."[14] Das gelang, aber nur so, dass die Schlussabstimmung stattfand, bevor alle Wortmeldungen erledigt waren. Das Grundgesetz begann des bloßen Datums wegen mit der demokratischen Ursünde: der Beschränkung freier Diskussion.

Die Bundeswehr wurde am 12. November 1955 gegründet: am 200. Geburtstag des Militärreformers Scharnhorst. Mit diesem Datumszauber haben reife Männer den Geist und Segen des großen Scharnhorst schamanenhaft auf die Bundeswehr herabholen wollen.

Mit welchem Schauder betrachten wir die Zahlenkonstellation „*9.11.*". Am *9.11.* 1918 fand in Berlin eine Revolution statt; am *9.11.* 1923 versuchte sich Hitler an einem Putsch; der *9.11.* 1938 ist das Datum des deutschen Judenpogroms; am *9.11.* 1989 fiel in Berlin die Mauer. Die beiden „9. November" der Nazis wirkten dabei so lähmend, dass man es nicht wagte, den 9. November als Tag eines *gelungenen Aufstandes* gegen eine Diktatur zu einem Nationalfeiertag zu machen.

Das Datum – das schiere Datum – war immer und überall magisch durchsäuert. 480 v. Chr. schlugen die Griechen in der Bucht von Salamis ihre große Seeschlacht gegen die Perser und bei Himera in Sizilien ihre große Landschlacht gegen die Karthager. Die griechische Historie bestand darauf, die beiden Schlachten hätten an *ein und demselben Tag* stattgefunden. Als „Ironie des Schicksals" kam es Goebbels vor, dass Napoleon in derselben Nacht – vom 21. auf den 22. Juni – zu seinem desaströsen Feldzug in Russland einmarschiert war wie Hitler. Über diese wenig anheimelnde Konstellation half sich der alerte Mann mit dem Gedanken hinweg, Napoleon hätte nur Infanterie gehabt, Hitler aber verfüge über Panzer.[15] Ari Fleischer, der Sprecher des US-Präsidenten George W. Bush, und Godric Smith, der Sprecher des britischen Premiers Tony Blair, kündigten am gleichen Tag – ohne Absprache – ihren bevorstehenden Rücktritt an; Godric Smith war von dieser Koinzidenz seltsam berührt; sie sei „etwas unheimlich". Wenig unheimlich hingegen ist die Koinzidenz, dass 1886 ein amerikanischer Apotheker in Atlanta das Zukunftsgetränk *Coca Cola* erfand und Nietzsches Buch *Jenseits von Gut und Böse. Versuch einer Philosophie der Zukunft* erschien.

Die *Frankfurter Allgemeine Sonntagszeitung* hat in Sachen „Magie des Datums" die Zahlenmystik durch Übertreibung nahezu ruiniert. Am 22. September 2002 brachte sie einen Artikel zu der an diesem Tag stattfindenden Bundestagswahl unter der Devise: „Ein Blick auf andere bedeutsame 22. September im Lauf der Zeiten ist wohl statthaft." Nornenhaft raunte der Autor: „Weil Historiker uns mit Recht zu bedenken geben, dass wir die Gegenwart nur verstehen, wenn wir die Vergangenheit kennen, wollen wir jene fernen 22. September mit dem heutigen historischen Tag verbunden denken, wobei das erhellend Assoziative den Vorrang haben soll vor strenger Kohärenz." Und was sind nun die historischen 22. September, die den historischen Wahlsonntag 22. September 2002 „assoziativ erhellen"? Am 22. September 1792 rief der französische Nationalkonvent die Erste Französische Republik aus. Am 22. September 1515 wurde Anna von Kleve geboren, später die *vierte* Frau des englischen Königs Heinrich VIII. Der Autor bringt, sagt er, Anna ins Spiel, weil Außenminister Fischer eine *vierte* Frau hat. Die viel wichtigere vierte Frau des viel wichtigeren Kanzlers Schröder aber unterschlägt er – „Oh Schilda, mein Vaterland!" (Heinrich Heine). Am 22. September 1827 erschien dem amerikanischen Bauern Joseph Smith ein Engel und wies ihm den Weg zu goldenen Tafeln mit göttlichen Weisungen, aus denen unter den Händen des wackeren Landmanns das *Buch Mormon* entstand: Die „Mormonen" erschienen im Licht der Geschichte. Am 22. September 1862 verkündete der amerikanische Präsident Lincoln das Ende der Sklaverei in den Südstaaten. Am 22. September 1860 wurde Richard Wagners Oper *Das Rheingold* uraufgeführt (womit das unvorhersehbare „Wagalaweia! Wallala, weiala weia!" der Rheintöchter über die hilflose deutsche Sprache gekommen ist). Am 22. September 1949 zündete die Sowjetunion ihre erste Atombombe. Am 22. September 1980 fielen irakische Truppen im Iran ein. Am 22. September 1984 gedachten Bundeskanzler Kohl und Staatspräsident Mitterand auf dem Schlachtfeld von Verdun Hand in Hand der Gefallenen beider Weltkriege. (Das wäre eine schöne Inszenierung gewesen, wenn nicht der riesige Kohl den zierlichen Mitterand aufs Lächerlichste um Haupteslänge überragt hätte, und das auch noch Hand in Hand.) Unser Autor erhellt den deutschen Wahlsonntag weiter durch den Hinweis, dass am 22. September 1976 der brasilianische Fußballstar Ronaldo geboren wurde. Er vergisst aber unverzeihlicherweise, Ronaldos historische Bedeutung für Deutschland zu erwähnen: dass nämlich dieser Mann im WM-Finale am 30. Juni 2002 die deutschen Hoffnungen zunichte machte, zum vierten Mal Fußballweltmeister zu werden.

Auch Günter Grass nimmt einen gewaltigen Schluck aus der arithmomystischen Datumspulle. Wie besessen lässt er seine Novelle *Im Krebsgang* über den Untergang der *Wilhelm Gustloff* um das „verfluchte Datum" des 30. Januar kreisen: Auf einen 30. Januar fällt der Geburtstag des Nationalsozialisten Wilhelm Gustloff (der 1936 von dem Juden David Frankfurter ermordet wurde und so auf kurzem Weg ins Nazi-Pantheon gelangte); auf einen 30. Januar fällt der Tag der Hitlerschen „Machtergreifung" (wodurch Deutschland auf kurzem Weg ins Nichts gelangte); auf den 30. Januar 1945 fällt die Torpedierung der *Wilhelm Gustloff* mit neuntausend Flüchtlingen durch ein russisches U-Boot. Es hat eine Folgerichtigkeit eigener Art, dass Grass auch den Geburtstag des fiktiven Erzählers auf einen 30. Januar legt; nichts verhext so sehr wie der Zauber der Datumskoinzidenz. Und aufs Makaberste passt es zu der *3* in dem „verfluchten" *30.* Januar, dass das sowjetische U-Boot genau *3* Torpedos auf die *Gustloff* abfeuerte, die Markierung S 1*3* trug und seine Tat um 21.15 Uhr beging, d.h. um (*3*×7).(*3*×5) Uhr.

Mit einiger Verblüffung beobachtet man, wer sich nicht alles mit Zahlenmystik abgibt. Der sonst so aufgeklärte Johannes Gross schrieb 1998, er verdanke einem Gelehrten von der Universität Kaiserslautern die „wichtige [!] Information“ dass die bedeutendsten Deutschen in einem „perfekten Jahr“ geboren wurden.[16] Ein perfektes Jahr ist ein solches, dessen Quersumme sein Querprodukt teilt (z. B. 1998: die Quersumme 1+9+9+8 = 27 teilt das Querprodukt 1×9×9×8 = 648). Und nun fährt dieser Rationalissimus so fort: „In der Tat [*in der Tat*!] sind Luther, Bach, Händel, Kant und Goethe in perfekten Jahren zur Welt gekommen.“ Dem Manne ist entgangen, dass weder Einstein noch Gauß in perfekten Jahren geboren wurden. Der erste gehört zu den größten Physikern, der zweite zu den größten Mathematikern der ganzen Welt; sie werden also wohl auch zu den „bedeutendsten Deutschen“ gehören.

2 Animismus der Zahlen

Jede der Zahlen 1, 2, 3 ... war einer seiner persönlichen Freunde.

Godfrey H. Hardy (über den brillanten indischen Mathematiker Srinivasa Ramanujan, 1887–1920)

In der Wahlnacht des Jahres 2002 fühlte sich Ralph Giordano von Zahlen überschwemmt und übermannt und stöhnte gequält: „Zahlen, Zahlen, Zahlen". So sehr dieser bekennende Demokrat weiß, dass demokratische Zeiten durch und durch Zeiten *arithmetischer* Mehrheiten sind, müssen ihm die einlaufenden Zahlen doch ziemlich „kalt" und „seelenlos" vorgekommen sein.

Andere Menschen haben anders gedacht. Der *doctor mirabilis* Roger Bacon (um 1214–1292), einer der wissenschaftlichsten Menschen des Mittelalters, behauptete nachdrücklich, die Neun habe eine Seele, und zwar eine gebildete, denn das *neunte* Haus des Horoskops sei das Haus der Gottesanbetung, der Weisheit und der Bücher.[17] Für etwas „Seelenhaftes" in den Zahlen spricht auch die Neigung des Menschen zu „konkreten Zahlwörtern", welche die Dinge mitsamt ihren „Seelen" durchschimmern lassen. Bei den Angaben (1) „ein Paar Schuhe", (2) „ein Gespann Pferde" handelt es sich – mengenmäßig unterschiedslos, sprachlich aber nach den Dingen differenziert – jeweils um *zwei* Objekte. Wir reden von einem „Schock Eier", nie aber von einem „Schock Mädchen". Die Fidschi-Insulaner nennen „10 Kähne" *bola*, „10 Kokosnüsse" *koro*; hier sind die Anzahl *und* die Art der Dinge jeweils zu einem einzigen Wort verschmolzen. Unbestimmte Mengenangaben, die sich den Objekten gleichsam anschmiegen, findet man häufig in der Sprache der Jäger: ein „Geheck" Füchse, ein „Schoof" Enten, ein „Sprung" Rehe, ein „Rudel" Hirsche, eine „Rotte" Wildschweine, ein „Gesperr" Fasanen, eine „Kette" Rebhühner. Solche Angaben „zählen" nicht nur die Dinge, sondern „erzählen" etwas von ihnen. „Zählen" und „erzählen" kommen sprachlich aus derselben Wurzel. Der althochdeutsche Vorläufer unserer „Zahl" ist *zala*, und *bezala* steht nicht nur für „Aufzählung", sondern auch für „Bericht". Zahlen erzählen. Peinlich relevant sind hier die Sätze eines emotionalen Mannes, der andere aufs Unseligste zu emotionalisieren wusste. Am 11.12.1941 trug Hitler dem Reichstag die Verluste vor, welche die Sowjetunion und Großbritannien seit dem Beginn des Russlandfeldzugs erlitten hatten, und schickte eine „arithmetische Emotionalisierung" hinterher: „Das sind … vielleicht trockene Zahlen … [Aber] hinter diesen Zahlen verbergen sich die Leistungen, Opfer und Entbehrungen, stehen der Heldenmut und die Todesbereitschaft von Millionen der besten Männer unseres eigenen Volkes und der mit uns verbündeten Staaten."

Zahlen erzählen, sie rufen Erinnerungen hervor und können dabei buchstäblich zu Wörtern mutieren. In unserer Zeit zeigt sich dies aufs Deutlichste am 11.9.2001, dem Tag des mörderischen Flugzeugattentats auf das World Trade Center in New York. Der 11. 9. – in amerikanischer Schreibweise 9–11 – hat es dank dieser Entsetzlichkeit zu einer makabren Ehre gebracht: Die *American Dialect Society* hat die *Zahlenkonfiguration* „9–11" zum „*Wort* des Jahres 2001" gewählt. „9–11" ist tatsächlich ein „Wort" geworden. Ein bekanntes Buch über den Terrorakt heißt schlicht „9–11"; es berichtet, „wie 9–11 geschah", die beteiligten Terroristen sind *the 9–11 terrorists*, Spuren, die zu ihnen führen, sind *9–11 trails*, und der tiefe Mentalitätswandel in den USA nach dem Attentat ist *the 9–11 shift;* er hat dazu geführt, dass die Amerikaner die Welt, in der sie jetzt leben, die *post-9–11 world* nennen. Ein Bericht im Magazin *Newsweek* vom 13. Mai 2002 über die kommerzielle Ausbeutung der Katastrophe trägt die Überschrift *Milking 9–11 for Dollars.* Die Ziffernfolge 9–11 ist zu einem neuen Feld der Numerologie geworden; zahllose Internetseiten befassen sich mit ihrer Deutung.

Bei der engen Verwandtschaft zwischen Wort und Zahl ist es kein Wunder, dass es neben dem Zauber*wort* auch die Zauber*zahl*, neben dem Zauber*spruch* auch das zauberische Zahlen*ensemble* gibt. Beispielsweise bewähren sich seit vielen Jahrhunderten die Zauberwörter *abrakadabra* und *debra ebra.* (Die Handhabung des letzteren kann freilich mühsam sein, denn man muss es mit schwer erhältlichem Fledermausblut niederschreiben.) Neben ihnen bewähren sich aber auch *Zahlen*, die mit magischen Kräften begabt sind, und gerade diese Kräfte beweisen, dass den Zahlen eine *anima*, eine „Seele", innewohnt. Die Zahl Dreihundert – das wissen wir schon – eignet sich z. B. vorzüglich dazu, böse Geister zu vertreiben. Die Elf hingegen „ist die Sünde. Elfe überschreitet die zehn Gebote." (So Wallensteins Astrologe Seni.[18]) Wenn eine Hexe eine Kuh verzaubern wollte, tat sie gut daran, während der magischen Operation auf einem *regelmäßigen Fünfeck*, einem *Pentagramm*, zu knien. Am 6.7.2001 brachte ein Ehepaar in Witten im Auftrag des Teufels einen Bekannten um; in seinen Bauch ritzten sie ein Pentagramm ein. Gegen gewisse Verhexungen hilft es, rückwärts von Neun bis Eins zu zählen. Dem „weitberuffenen Schwartzkünstler und Ertzzauberer" Faust lässt Goethe die Geldbeschaffungspotenz eines wirren Zahlenchaos von einer bejahrten Hexe anpreisen: „Du musst verstehn! / Aus Eins mach Zehn, / Und Zwei lass gehn, / Und Drei mach gleich, / So bist du reich."[19]

Neben Zahlen, die von sich aus magisch wirken, gibt es „Repetitionszahlen", die angeben, wie oft man einen Zauberspruch wiederholen muss, damit es zum gewünschten Effekt kommt. So schreibt etwa der hochgelehrte Marcus Terentius Varro (116–27 v. Chr.):

> Wenn deine Füße schmerzen [musst du sagen]: „Ich denke an dich; heile meine Füße. Lass die Erde die Krankheit behalten, und lass die Gesundheit hier bleiben." Das sollst du *neunmal* hersagen, die Erde berühren und ausspucken. Es muss in nüchternem Zustand hergesagt werden.[20]

Zu „toten Dingen", die Teil unseres Lebens sind, bauen wir eine psychische Beziehung auf. Entzückend sind die Gespräche, die Axel Hacke in der *Süddeutschen Zeitung* mit Bosch, seinem alten Kühlschrank, führt. („Neue Dichtungen wären schon mal nett gewesen", sagte Bosch, „aber das bin ich wahrscheinlich nicht mehr wert. Da schmeißt ihr mich lieber weg.") „Tote Dinge" sind für uns nicht *totaliter* tot, nicht mausetot, vielmehr haben wir sie mit einer *anima* „beseelt". Seit alters kennt man die „Beseelung" des Ortes durch den *genius loci*, den „Ortsgeist". Das Verfassungsgericht Südafrikas hat seine erste Sitzung in den Räumen des deutschen Bundesverfassungsgerichts abgehalten, um etwas vom „Geist von Karlsruhe" einzufangen. Der japanische Anthropologe Kazuhiko Komatsu hat 1999 das Phänomen der „Haushaltsgeister" untersucht. Es handelt sich hier um den alten Glauben, dass in lang benutzte Haushaltsgeräte schließlich ein Geist einzieht, den man hegen und pflegen müsse. Warf der Benutzer ein derart „beseeltes" Gerät achtlos weg, so verspürte er sofort den rachelüsternen Blick des Gerätegeistes. Kein Wunder, dass man die Haushaltsdämonen durch allerlei rituelle Praktiken zu besänftigen suchte.

Wird es nun nicht auch so gewesen sein, dass in die tagaus, tagein benutzten Zahlen schließlich ein „Zahlengeist" eingezogen ist – und zwar noch leichter als ein „Haushaltsgeist" in Kessel, Töpfe und Pfannen? Denn Zahlen fanden sich allüberall, das Leben war von Zahlen bestimmt und geregelt. Zahlen waren mehr als Zahlen, sie waren, was laut Goethe die Farben sind: „uranfängliche Naturerscheinungen" mit „sittlichen Wirkungen". Die Farbe, meint Goethe, wirkt *durch sich selbst* auf das Gemüt, „ohne Bezug auf Beschaffenheit oder Form eines Materials, an dessen Oberfläche wir sie gewahr werden".[21] Entsprechend steht es mit der Zahl. Auch sie wirkt *als schiere Zahl* auf das Gemüt, ohne Bezug auf eine konkrete Menge, deren Anzahl sie ist. Die Zwei zerspaltet das Gemüt als Zwei, die Zwölf hat als Zwölf etwas Unheimliches. Es verrät die „Seelenhaltigkeit" der Zahl, dass sie so oft in die *Namen* von Lieb- und Wertgehaltenem eingeht. Beethovens Meisterwerk heißt überall die „Neunte"; die Franzosen nennen ihr Land zärtlich *l'hexagone* („das Sechseck"), der vierfache Fußballweltmeister Brasilien schickte im Jahre 2002 seine Fußballer zur WM mit der Weisung, die „*Penta*", die „Fünfte" (= fünfte Weltmeisterschaft), zu holen. Man könnte eine „Psychologie der Zahlen" entwerfen, wie man eine „Psychologie der Farben" entworfen hat. Die Pythagoreer „beseelten" die Zahlen so sehr, dass sie sogar von „Freundschaften" zwischen ihnen sprachen: Zwei Zahlen galten als „befreundet", wenn die eine die Summe aller echten Teiler der anderen war.[22] Und es war wieder die „Beseelung" der Zahlen, die zum Begriff der „vollkommenen" Zahl führte. Eine Zahl galt als „vollkommen", wenn sie „mit sich selbst befreundet", d.h. wenn sie gleich der Summe ihrer echten Teiler ist. Die ersten vier vollkommenen Zahlen sind 6, 28, 496 und 8128; sie waren schon der Antike bekannt. Erst viel später, im Jahre 1456, findet sich die fünfte vollkommene Zahl: 33 550 336. Die vollkommenen Zahlen, meinte um 100 n. Chr. der Neupythagoreer Nikomachos von Gerasa melancholisch, die vollkommenen Zahlen sind selten, wie eben alle guten Dinge selten sind.

Die schiere *Anzahl* der Buchstaben in einem Wort war einst tief bedeutsam, und die „Seele" der Zahl zeigt sich vielleicht nirgendwo sonst so eindrucksvoll. Der heilige Irenäus (um 115–202) glaubte, etwas Wichtiges zu sagen, als er die Gnostiker tadelte, dass sie trotz ihres Zahlenenthusiasmus die Fünf sträflich vernachlässigen, obwohl doch zwei (griechische) Schlüsselwörter des neuen Glaubens – *soter* (Heiland) und *pater* (Vater) – aus je fünf Buchstaben bestehen.[23] Die Acht, das wissen wir schon, besaß eine sakrale Würde, weil Χριστους (Christus) acht Buchstaben hat; die Acht symbolisierte das Innerste des Christentums.

Srinivasa Ramanujan (1887–1920) war ein brillanter indischer Mathematiker aus einer armen brahmanischen Familie, ein Genius mit dürftiger Schulbildung, ohne Universitätsstudium. Nach seinem Bekunden war es die Hindugöttin Namakkai, die ihn nachts im Traum mit mathematischen Einfällen versorgte. Als er 1913 nach Cambridge gegangen war, um dort mit dem bedeutenden britischen Mathematiker Godfrey H. Hardy zusammenzuarbeiten, scheute die Göttin auch die weiten Reisen von Indien nach England nicht, um ihren Schützling mit Mathematik zu beliefern. Hardy berichtete, jede der Zahlen 1, 2, 3 … sei einer von Ramanujans „persönlichen Freunden" gewesen. „Freundschaft" zwischen Zahl und Mensch – das ist der wahre Zahlenanimismus, die wahre Zahlenbeseelung. Hardy erzählte auch, der junge Inder habe ein geradezu bestürzendes Gedächtnis für die Auffälligkeiten und Idiosynkrasien seiner Zahlenfreunde gehabt. Als er, Hardy, Ramanujan eines Tages im Hospital besuchte, habe er ein Taxi mit der Nummer 1729 genommen. 1729 sei leider eine ziemlich langweilige Zahl, habe er am Krankenbett gesagt. Der Arithmoanimist aber habe ihm spontan versichert, 1729 sei ganz im Gegenteil eine außerordentlich interessante Zahl; sie sei nämlich die kleinste Zahl, die man als Summe zweier Kubikzahlen in zwei verschiedenen Weisen darstellen könne.[24] Jede Zahl war eben *„one of his personal friends"*.

Was soll man von der emotionalen Beziehung des „Fürsten der Mathematiker" Carl Friedrich Gauß (1777–1855) zu den Zahlen halten? Gauß zählte schon als Vierzehnjähriger die Primzahlen in den Tausendergruppen, um ihre abnehmende Häufigkeit zu studieren. Im Alter von zwanzig, einundzwanzig Jahren schrieb er die gefeierten *Disquisitiones Arithmeticae*, das Grund-Buch der modernen Zahlentheorie. Als reifer Mann sprach er nicht kalt von den „*Problemen* der Zahlen", sondern ahnungsvoll raunend von ihren „tief verborgenen Geheimnissen". Sein ganzes Leben hindurch sammelte er mit bizarrer Leidenschaft alle Arten von Zahlen: Anzahl der Lebenstage historischer Persönlichkeiten, die monatlichen Einnahmen der Eisenbahnen im Königreich Hannover, die Zahl der Schritte von seiner Wohnung zu markanten Stellen in Göttingen; „ein anderer Punkt, über den ich *genaue, ganz zuverlässig vollständige* und einen großen Zeitraum und Flächenraum umfassende Data wünschte, wäre die Anzahl der vom Blitz getöteten Menschen", schreibt der fast Siebzigjährige seinem Freund Alexander von Humboldt. Ja, was soll man von dieser Zahlenpassion eines der Größten im Reich des Geistes halten?

Vielleicht hat niemand eine Zahl je so innig beseelt wie Dante, als er die Neun mit seiner geliebten Beatrice in dem seltsamen Satz zusammenfügte: „Diese Zahl war sie selbst."[25]

3 Warum gerade diese Zahl?

Das Netz war angefüllt mit 153 großen Fischen.

Joh 21,11

Nur wenige Fragen bewegen den Menschen so sehr wie diese: „Warum sind Strafen so hoch, wie sie sind?" Er ahnt beunruhigt, dass auf eine so existentielle Frage eine rationale Antwort gar nicht möglich ist – dass Sein und Denken hier auseinander brechen, dass also auch „rationales Recht" letztlich irrational ist. Das altrömische Zwölftafelgesetz (VIII, 15a) verhängte als Strafe für Diebstahl den *dreifachen* Wertersatz. Warum nicht den *siebenfachen* wie das Alte Testament (Spr 6,31)? Warum nicht gar keinen Wertersatz, sondern an seiner Stelle vielmehr die Mahnung Jesu: „Geh und sündige hinfort nicht mehr" (Joh 8,11)? Das BGB sieht in § 852 Abs. 1 eine dreijährige Verjährungsfrist für gewisse Ersatzansprüche vor. Eine rationale Begründung für diese Frist sucht man vergebens; die Väter des BGB hielten sich einfach an das Preußische Allgemeine Landrecht, in dem nun aber auch keine Begründung für die *Drei*jahresfrist gegeben wird. Die Frage „Warum gerade *diese* Zahl, warum gerade *drei* Jahre?" hat den Rechtshistorikern aber keine Ruhe gelassen, hat sie immer weiter in die Vergangenheit zurückgetrieben, bis sie schließlich auf die berühmte Gesetzessammlung des babylonischen Königs Hammurabi (um 1700 v. Chr.) stießen und dort eine *drei*jährige Schuldknechtschaft fanden.[26] Aber auch diese Expedition zu den Quellen des Rechts lieferte keine *rationale* Begründung für die *Drei* in der Verjährungsfrist, sie bestätigte nur den Satz des Mephistopheles: „Es erben sich Gesetz und Rechte / Wie eine ewge Krankheit fort.“[27]

Warum gilt bei italienischen Wahlen eine *Vier*prozent-, bei deutschen eine *Fünf*prozent- und bei türkischen eine *Zehn*prozenthürde? Demokratisch begründbar ist nur eine Hürde, die keine ist: die Nullprozent„hürde“.

Die amerikanische Verfassung sieht in Artikel I, 3 vor, dass nur Personen in den Senat gewählt werden können, die mindestens neun Jahre lang Bürger der USA gewesen sind. Warum *neun*? Läge nicht zehn viel näher? Zehn ist die Zahl der Gebote vom Sinai, die Zahl der kosmischen Grundkräfte in der Kabbala, die Zahl unserer Finger, die Grundzahl unseres Zahlensystems. Warum also nicht zehn? Warum *neun*? Gewiss, die Neun ist eine wichtige Zahl. Aber hat denn die Senatorenfrage etwas mit dem Umstand zu tun, dass das erste magische Quadrat *neun* Felder hatte? Kommen wir weiter mit dem Wissen, dass Dante in seinem Inferno *neun* Höllenkreise installiert hat? Nein, damit kommen wir nicht weiter!

Etwa im Jahre 100 fragte Plutarch, warum der spartanische Gesetzgeber Lykurg für den „Rat der Geronten“ gerade 28 Mitglieder vorgeschrieben habe. Plutarch vermutete, dass der arithmetische Bau der Achtundzwanzig hier eine Rolle gespielt habe. Denn diese Zahl sei das Produkt der Vier mit der Sieben. (Das beschwört wegen der vier Mondphasen zu je sieben Tagen die lunare Rolle der Achtundzwanzig.) Dazu sei 28 auch noch die erste vollkommene Zahl nach 6.[28] (Zur Erinnerung: Eine Zahl heißt „vollkommen“, wenn sie die Summe ihrer echten Teiler ist.) Plutarch versucht jedoch nicht, die Drei in dem folgenden Gesetz Solons mit Vernunftgründen zu stützen: „Ein Hund, der einen Menschen gebissen hat, ist an einem drei Ellen langen Halseisen auszuliefern.“ Er sagt nur: „Dieses Gesetz ist gut für die Sicherheit.“[29]

Bei der „Erklärung“ oder „Begründung“ von Zahlen im juristischen oder politischen Bereich kann man sich immer mit der Antwort herausreden, „irgendwo“ müsse man halt abgrenzen. Für Zahlen dieser Art hat sich denn auch rasch ein Terminus technicus gebildet (was immer verräterisch ist): Man spricht von „gegriffenen Zahlen“, sollte aber lieber von „Willkürzahlen“ reden. Ganz anders ist es im religiösen Bereich, denn die Zahlen der heiligen Texte kommen, so sagen die Texte, von Gott selbst, und der wird sich bei ihnen wohl etwas gedacht haben. Infolgedessen wird hier der Deutungsdruck enorm. Um gleich das gewichtigste Beispiel anzuführen: Warum hat Jahwe die Welt gerade in *sechs* Tagen geschaffen? Die Frage ist schon deshalb immer als unabweisbar empfunden worden, weil Gott dank seiner Allmacht die Welt auch in drei oder zwei Tagen, sogar in einem einzigen Tag hätte erschaffen können – wenn man es recht bedenkt, hätte er eigentlich überhaupt keine Zeit dazu benötigt. Warum also wendet er *mehrere* Tage an seine Schöpfungsoperation, und warum ausgerechnet *sechs* – nicht *fünf*, nicht *sieben*?

Es war der berühmte jüdisch-hellenistische Philosoph Philon von Alexandria (etwa 25 v. Chr.–50 n. Chr.), der Licht in das Dunkel brachte und seinen Glaubensgenossen erklärte, dass der Gott des Mose sich in seinem Schöpfungswerk von der Arithmetik der Pythagoreer hatte inspirieren lassen. Zur Erinnerung: Den Pythagoreern waren die geraden Zahlen weiblich, die ungeraden männlich; die Zwei hatte als *erste* gerade Zahl eine besonders weibliche Weiblichkeit, die Drei als *erste* ungerade Zahl[30] eine besonders männliche Männlichkeit. Schließlich war die Sechs als *erste* vollkommene Zahl die vollkommenste aller vollkommenen Zahlen. Jahwe ist in dieser Art Mathematik völlig zu Hause und räsoniert, wenn wir Philon glauben dürfen, denn auch wie folgt: Die Schöpfung soll absolut vollkommen sein und muss aus Fortpflanzungsgründen sowohl das männliche als auch das weibliche Prinzip enthalten. Bei dieser Lage der Dinge ist „nach den Gesetzen der Natur die für die Schöpfung passendste Zahl die Sechs". Denn erstens ist sie die vollkommenste Zahl und zweitens ist sie das Produkt 2×3, enthält also sowohl die weiblichste als auch die männlichste Zahl.[31]

Knapp vierhundert Jahre nach Philon erfahren wir auch von einem unserer tiefsten christlichen Theologen, dass Gott seine Ausbildung zum Weltschöpfer im Zirkel der Pythagoreer erhalten hat. Mitten in seinem Hauptwerk *Vom Gottesstaat* (XI, 30) schreibt Augustinus:

> Diese Werke [Gottes] wurden aber ... in sechs Tagen ... vollendet, und zwar wegen der Vollkommenheit der Sechszahl. Nicht als hätte Gott eines Zeitraums bedurft und könnte nicht alles zugleich schaffen ... sondern weil durch die [vollkommene] Sechszahl die Vollkommenheit der Werke angezeigt wird ... Man soll darum die Bedeutung der Zahl nicht geringschätzen. An vielen Stellen der Heiligen Schrift bekommt der aufmerksame Leser zu spüren, wie großer Wert darauf zu legen ist, und nicht umsonst ward zum Lobe Gottes gesagt: „Alles hast du geordnet nach Maß, Zahl und Gewicht."

Ein Jahrtausend nach Augustinus fragt Georg Joachim Rheticus – ein bedeutender Mathematiker, kein Traumtänzer – warum Gott die Welt gerade mit *sechs* Planeten[32] geschmückt habe? Und wieder lautet die Antwort: Weil die Sechs vollkommen ist und so denn auch „sowohl in den heiligen Weissagungen Gottes wie von den Pythagoreern und den übrigen Philosophen am allermeisten gerühmt" wird.[33]

Der Kirchenvater Tertullian (etwa 160–230) hat die Frage aufgeworfen: „Warum beruft der Herr Jesus Christus *zwölf* Apostel und nicht irgendeine andere Zahl?" Er antwortete: „Ich finde die Vorbilder dieser Zahl bei meinem Schöpfer: die zwölf Quellen Elims (Num 33,9), die zwölf Edelsteine auf dem Priesterkleide Aarons (Ex 28,9–12) und die zwölf Steine, die von Josua aus dem Jordan gehoben und in die Bundeslade gelegt wurden (Jos 4,3–9)."[34] Seltsam, dass er nicht den eigentlichen Grund erwähnt: die *zwölf* Stämme Israels.

Das jüdische Gesetz hat 613 Gebote. Muss man diese ausgefallene Zahl ungedeutet hinnehmen? Man muss nicht, sagen die Weisen. Es ist $613 = 365+248$: die erste Zahl gibt die Anzahl der Tage eines Sonnenjahres, die zweite die Anzahl der Teile des menschlichen Körpers gemäß der babylonischen Anatomie an. In der Anzahl 613 der Gebote verschränken sich also aufs Schönste das Kosmische und das Menschliche. Noch mehr: 613 hängt auch eng mit den „Zehn Geboten" zusammen, denn die Quersumme von 613 ist 10.

Im Evangelium des Johannes lesen wir: „Jesus sagte zu ihnen: Bringt von den Fischen, die ihr gerade gefangen habt. Da ging Simon Petrus und zog das Netz an Land. Es war mit 153 großen Fischen gefüllt."[35] 153 – das ist eine präzise Zahl, die gerade ihrer Präzision wegen zur Deutung aufrief. Hierzu empfahl es sich, den Fischfang als Abbild des missionierenden „Menschenfangs" zu sehen: „Folgt mir nach. Ich will euch zu Menschenfischern machen", sagt Jesus, als er die Fischer Petrus und Andreas zu Aposteln beruft.[36] Die Fischfangzahl 153 hat also offensichtlich mit der Ausbreitung des Evangeliums zu tun. Und an dieser Stelle setzt nun eine atemberaubende Arithmospekulation ein: Es gibt 10 Gebote und 7 Sakramente, also $10+7=17$ heilige Güter, die in die Welt getragen werden müssen. Und was ist die Summe $1+2+3+\cdots+17$? Sie ist 153! Voilà! Wer das Unerklärliche erklärt hat, darf zufrieden sein.[37]

Genialisch – oder dreist – ist die gnostische Tour de Force bei Gelegenheit des Gleichnisses von den Arbeitern im Weinberg[38] Der Gutsherr schickt die erste Gruppe der Arbeiter zur ersten Stunde in den Weinberg, die zweite zur dritten Stunde, weitere Gruppen zur sechsten, neunten und elften Stunde. Addition ergibt $1+3+6+9+11 = 30$, und diese Dreißig ist nun die Zahl der vollendet rätselhaften gnostischen „Äonen" und gleichzeitig die Zahl der Jahre, in denen Jesus *nicht* gelehrt hat.[39] Der heilige Irenäus, dem wir die Kenntnis dieses arithmomystischen Unikats verdanken und der auf die Gnostiker nicht gut zu sprechen ist, schreibt mit unchristlicher Ironie: „Das also sind die großen, wunderbaren und unaussprechlichen Geheimnisse. Sie [die Gnostiker] brüten sie selbst aus, und zwar in ihrem Bemühen, die Zahlen, die in der Schrift enthalten sind, gemäß ihren eigenen Einfällen zueinander in Parallele zu setzen."[40]

Eine spektakuläre Deutung erfuhr die Zahl 318. Mit 318 Männern seines Gesindes brach Abraham auf nach Dan, um den gefangenen Lot zu befreien. Nun macht sich der Verfasser des frühchristlichen Barnabasbriefes unerschrocken an die Interpretation der 318 („achtzehn und dreihundert"). Er lässt uns wissen, dass Abraham vermöge der 318 „auf Jesus vorausblickte". Die Achtzehn in „achtzehn und dreihundert" deutet nämlich wegen I (Jota) = 10 und η (Eta) = 8 auf die beiden ersten Buchstaben des Namens Iησους und damit auf Jesus selbst. Die noch fehlende Dreihundert wird im griechischen Zahlenalphabet durch ein T (Tau) bezeichnet – dieses T stellt aber auch das Kreuz Christi dar. Die griechisch geschriebene Zahl 318 – IHT („zehn und acht und dreihundert") – lässt sich somit lesen als „IH[σους] am T" = „Jesus am Kreuz". Dem Verfasser gefällt seine Deutung, und mit Selbstgefühl schreibt er:: „Keiner hat eine echtere Aussage von mir erfahren. Aber ich weiß, dass ihr dessen würdig seid."[41]

An dem weichenstellenden Konzil von Nizäa im Jahre 325 nahm eine nicht genau bekannte Zahl von „Vätern" teil. Zeitgenössische Quellen schwanken zwischen 250 und 300, moderne Historiker zwischen 194 und 237.[42] Und nun zeigt sich aufs Glänzendste die Macht der Zahl, wenn sie das Symbolträchtige auf ihrer Seite hat: In der Kirchentradition setzte sich die Zahl von 318 Konzilsvätern fest, denn in diesen Vätern, welche die Kirche von den Irrlehren des Arius befreit hatten, sah man zeichenhaft die 318 Knechte Abrahams, die Lot aus der Gefangenschaft befreit hatten.[43] Die Zahl 318 war so wichtig, dass sie in den Namen des Konzils einging: Man nannte es das „Konzil der 318 Väter".

Vor dem Tempel in Jerusalem sagt Jesus zu den Juden, die ein Zeichen seiner Vollmacht fordern: „Reißt diesen Tempel nieder, in drei Tagen werde ich ihn wieder aufrichten" (Joh 2,19). Warum ausgerechnet in *drei* Tagen? Im Jahre 1999 ist Kurt Paesler dieser Frage nachgegangen und zu dem Ergebnis gekommen, dass mit den „drei Tagen" des Tempelaufbaus symbolisch die drei Tage zwischen Tod und Auferstehung Jesu gemeint seien, anders gesagt: dass der „neue Mensch", der Auferstandene, an die Stelle des alten Heiligtums, des Tempels, tritt.[44] Die Deutung biblischer Zahlen ist kein „alter Hut"; sie beschäftigt die Theologen noch heute.

So weit, so gut. Vergeblich aber haben sich die Gottesgelehrten den Kopf zerbrochen über den tieferen Sinn der Zahlen 1290 und 1335 in Daniel 12,11–12: „Von der Zeit an, in der man das tägliche Opfer abschafft und den unheilvollen Greuel aufstellt, sind es 1290 Tage. Wohl dem, der aushält und 1335 Tage erreicht."

Wer darauf schwört, *jede* Zahl der Bibel habe einen tiefen Sinn und den gelte es aufzudecken, wird für anderes keine Zeit mehr finden. Schon die *Offenbarung des Johannes* ist so metastasenhaft von Numerischem durchwuchert, dass man sie eine „Gottesbotschaft in Zahlen" genannt hat. Und nun denke man noch an die endlosen Zahlenkolonnen im Buch Esra 2,1–58, die selbst einem Deutungsgoliath den Mut sinken lassen.

Die Frage, warum eine messbare Größe den Zahlenwert hat, den sie hat, ist im religiösen Bereich unabweisbar, weil der

Mensch annehmen muss, dass der alles bedenkende Gott auch seine Zahlen bedacht hat. Die Zahlen in den heiligen Schriften zu „verstehen", heißt dann auch, auf den Wegen einer „arithmetischen Theologie" Gott selbst zu verstehen. Die Natur hat man lange Zeit nicht in dieser Weise ausgeforscht. Gewiss: Rheticus fragte, warum es gerade *sechs* Planeten gebe, aber letztlich war auch diese Frage eine theologische: Die Sechszahl der Planeten stand im Buch der Natur, in einem Buch also, das Gott selbst geschrieben hatte. Seit dem 18. Jahrhundert schreibt Gott keine Bücher mehr, an den Fundamentalzahlen der Natur war also nichts mehr zu „verstehen", sie waren hinzunehmen. Die Lage hat sich inzwischen geändert, und vielleicht ist kein anderer Wechsel der Denkrichtung so faszinierend, wie das Wiederaufleben der alten „Philon-Problematik", also der Fragefigur: „Warum ist eine Größe so groß, wie sie ist?" (Philon: „Warum hat Gott die Welt gerade in *sechs* Tagen geschaffen?") „Manchmal", bemerkt der weise Fontane irgendwo, „manchmal ist das ganz Alte das ganz Neue." Und einer der größten Physiker des 20. Jahrhunderts, Wolfgang Pauli, sagt dasselbe in fast denselben Worten: „Das noch Ältere ist immer das Neue."[45] Dazu passt, dass es ausgerechnet Pauli war, der 1934 im Geiste der „Philon-Problematik" meinte, ein Fortschritt der Physik sei „wohl erst durch ein theoretisches Verständnis des numerischen Werts der Sommerfeldschen Feinstrukturkonstanten zu erwarten"[46], also durch die Antwort auf die Frage: „Warum ist die Feinstrukturkonstante so groß, wie sie ist?" (Diese fundamentale Konstante beschreibt die Stärke der elektromagnetischen Wechselwirkung zwischen elektrisch geladenen Elementarteilchen; sie ist eine „reine", „dimensionslose", d.h. in allen Maßsystemen immer gleiche Zahl.) Gegenwärtig brennt den Physikern noch eine andere Frage auf den Nägeln: Warum gibt es genau *zwei* Familien von Elementarteilchen (Quarks und Leptonen), und warum gibt es in jeder dieser Familien genau *drei* Paare? – was nun zusammen *sechs* Paare macht. Seltsam, dass in unseren Tagen wieder die Sechs, diese vollkommene Zahl, die laut Philon dem allmächtigen Gott bei der Weltschöpfung vor Augen stand, seltsam, dass gerade diese Zahl neuerdings im innersten Kern des Weltbaus wieder eine tragende Rolle spielt. Ein weiteres Beispiel aus der Physik: Die elektrisch geladenen Myonen und Elektronen gehören zur Teilchenfamilie der Leptonen. Myonen sind 207mal so schwer wie Elektronen. Warum *207*mal? Warum nicht *206*mal? Warum nicht *208*mal? Der Laie mag die Achseln zucken, unter Physikern aber gilt diese Frage – eine typische „Philon-Frage" – als sehr aufregend.

4 Gematrie – die Psychoanalyse der Wörter

[Die Gematrie] ist ein göttlich ding vnd heimlich werck Gottes.

Michael Stifel (1487–1567), Mathematiker, Pfarrer und Freund Luthers

Die Griechen benutzten die Buchstaben ihres Alphabets auch als Zahlzeichen. Bei ihnen war

$\alpha = 1$, $\beta = 2$ $\gamma = 3$, $\delta = 4$, $\epsilon = 5$, [= 6,[47] $\zeta = 7$, $\eta = 8$, $\vartheta = 9$.

Nun begann die Reihe der *Zehner*:

$\iota = 10$, $\kappa = 20$, $\lambda = 30$, $\mu = 40$, $\nu = 50$, $\xi = 60$, $o = 70$, $\pi = 80$, q΄= 90.

Es folgten die *Hunderter*:

$\rho = 100$, $\sigma = 200$, $\tau = 300$, $\upsilon = 400$, $\phi = 500$,$\chi = 600$, $\psi = 700$, $\omega = 800$, ϡ΄= 900.

Jedes *Wort* war also auch ein *Ensemble von Zahlen*, man konnte ihm daher zwanglos einen *Zahlenwert* zuschreiben, nämlich die Summe der Zahlenwerte seiner Buchstaben. Hatten nun zwei Wörter den gleichen Zahlenwert, so deutete dies nach Überzeugung der Kenner auf eine enge Beziehung der *Wörter* und der durch sie bezeichneten *Sachen* hin. Man glaubte sogar, das eine Wort durch das andere, die eine Sache durch die andere *ersetzen* zu dürfen. Diese Methode hieß bei den Griechen *isopsephia* („Gleichzahligkeit“). Heute läuft sie unter dem Namen Gematrie. Die gematrische Analyse eines Wortes ist wegen ihrer Suche nach verborgenen Assoziationen eine (halluzinatorische) Psychoanalyse der Wörter mit den Mitteln der Arithmetik. Sie lebt von dem archaischen Glauben, dass drei Welten eng zusammenhängen: die Welt der Dinge, die Welt der Namen und die Welt der Zahlen. Über den Zusammenhang der beiden ersten Welten hat Dante gesagt: „Die Namen und Wörter richten sich nach den Dingen, welche sie benennen, wie geschrieben steht: *Die Namen folgen aus den Dingen*“ (Vita nuova 13). Andererseits war, wie gesagt, für die Griechen die Welt der Wörter mit der Welt der Zahlen aufs Natürlichste durch die auf der Hand liegenden Zahlenwerte der Wörter verbunden.

Die Wort-Zahl-Verbindung bestand auch für die Hebräer: Auch sie benutzten ihre Buchstaben als Zahlzeichen,[48] auch sie waren also geborene Gematriker. Sie waren es sogar noch mehr als die Griechen, denn das jüdische Leben war wie kein anderes beherrscht von einer Hochspannungs-Heiligkeit der sakralen Texte, die *so* durchdringend war, dass sie jedes einzelne *Wort* und schließlich sogar jeden einzelnen *Buchstaben* dieser Schriften mit Heiligkeit füllte. Ein vielsagender Hinweis auf die extreme *buchstaben*heiligende Denkweise ist der Bericht, die Masoreten (die Pfleger der Heiligen Schriften) hätten alle Buchstaben des Alten Testaments gewissenhaft abgezählt, um den *mittleren* zu finden.[49] Der mittlere Buchstabe – ein *Buchstabe*!, nichts als ein *Buchstabe*! – wird als sakrales Zentrum einer gewaltigen Textmasse empfunden. Die Heiligkeit der Bibelbuchstaben hat der Gematrie ein Vertrauen zu sich selbst gegeben, das wir heute weder teilen noch verstehen können, das aber einstmals die verwegensten Spekulationen ins Kraut schießen ließ. Ein Beispiel: 318 Knechte bot Abraham auf, um Lot zu befreien. Der Name von Abrahams treuestem Knecht, Elieser, hat im Hebräischen den Zahlenwert 318, und so war erwiesen – *erwiesen*!, – dass die 318 Knechte Abrahams in Wirklichkeit der eine Elieser waren, Abraham also mit der Hilfe dieses einen Assistenten seine Feinde besiegt hatte.

Als Erfinder der Gematrie galt Rabbi Akiba (40–135 n. Chr.), der „Vater der Mischna". Aber lange vor ihm regt sie sich schon in einer Inschrift des assyrischen Königs Sargon II. (reg. 723–705 v. Chr.). In ihr lässt der selbstbewusste Herrscher wissen, er habe die Stadtmauer von Khorsabad genau 16283 Ellen lang gemacht, „zur Nennung meines Namens". In der Tat lässt sich der Name Sarru-uk-kin des Monarchen mit Zeichen schreiben, die zugleich Zahlen darstellen und die Summe 16283 ergeben.[50] Dem Charme der Gematrie, zwei weltregierende Entitäten – Zahlen und Wörter – aufs Engste zu verknüpfen, haben weder Könige noch Knechte, weder Weise noch Narren, weder Früh- noch Jetztmenschen widerstehen können; Sargon hat mit ihr begonnen, Goebbels hat sich ihrer bedient. Sie ist das *sanctissimum* der Numerologie.

Die heiligen Buchstaben bzw. Zahlen der Hebräer wurden schließlich sogar zu *physikalischen Potenzen*, und zwar in der Kosmogonie des *Sefer Jezira* („Buch der Schöpfung", wohl 2. Jahrhundert n. Chr.). Nach ihm ist der Kosmos in einem tosenden Wirbel aus dem hebräischen Alphabet entstanden. In der *Othijoth* des Rabbi Akiba tritt ein Buchstabe nach dem anderen vor Gott und spricht: „Erschaffe durch mich die Welt!"[51] Man denke daran, dass Buchstabe = Zahl war; wenn also etwa der erste Buchstabe א (*alef*) vor Gott trat, dann trat auch die 1 vor ihn. So also kommt es, meinten die Weisen, dass die hebräische Sprache wie von selbst die spirituelle Natur des Universums widerspiegelt und dass die Sprachexegese mittels Gematrie der Schlüssel zum Verständnis der kosmischen Strukturen wird. Wenn es je Zahlenmystik gab: Hier ist sie!

Der *Sefer Jezira* mit seiner Zahlen- und Buchstaben-Kosmogonie wurde der Grundtext der *Kabbala* („Überlieferung"). Ihre exegetische Sonde war vor allem die Gematrie. Kabbala und Gematrie durchquerten Europa in einem Triumphzug ohnegleichen. Schon im 12. Jahrhundert trat eine „rheinische Kabbala" vor allem in Speyer, Worms und Mainz auf. In das kulturell dominierende Italien drang kabbalistisches Gedankengut mit dem Fall von Konstantinopel (1453) ein, als griechische und jüdische Gelehrte vor den Türken westwärts flohen. Ein Sprachrohr kabbalistischen Denkens wurde der junge italienische Platoniker Pico della Mirandola (1463–1494), den Erasmus von Rotterdam zu den größten Geistern seiner Zeit zählte. In seinem Hauptwerk *Über die Würde des Menschen* schreibt Pico enthusiasmiert, dass in der Kabbala die „Pulsader des Geistes" und die „unumstößliche Philosophie von den natürlichen Dingen" enthalten sei und dass man in ihr „geradezu Pythagoras und Platon hören" könne.[52] Eine „christliche Kabbala" vertrat der Engländer John Dee (1527–1608). Seine kabbalistischen Kenntnisse machten es ihm möglich (so sagte er), mit den Engeln *mathematisch* zu kommunizieren (was gewiss keine kleine Sache ist). In der Renaissance war die Kabbala über ganz Europa verbreitet. Neben *doctores* und *professores*, neben *magi* und *astrologi* waren Bischöfe, Könige und Projektemacher ihre Adepten. Europa war eine große Schwarze Küche, angefüllt mit Scharlatanen, Elixieren und den wabernden Dämpfen einer entfesselten Zahlenmystik.

Es ist seltsam: Die pythagoreisch-kabbalistische Spekulation, in deren Schwaden die Zahlen Chiffren der göttlichen Geheimnisse und der kosmischen Strukturen sind, bahnt den Weg zu der Kulturwende einer Mathematisierung und damit einer weltverändernden *Selbstpotenzierung* der Naturwissenschaft unter der Führung Keplers, Galileis und Newtons. Die Stoßkraft dieses tektonischen Prozesses kam aus der Erinnerung an jenen Jahwe, der leidenschaftlich gerne zählt und leidenschaftlich gerne misst und alles geordnet hat „nach Maß, Zahl und Gewicht".

Sprachen mit den arithmetisch bedeutungslosen Buchstaben des lateinischen Alphabets ist die Gematrie nicht so natürlich wie dem Griechischen und Hebräischen; sie kommen denn auch, wenn sie sich an ihr versuchen, ohne Künstelei nicht aus. So verfallen sie etwa auf das rohe Mittel, aus einem Wort nur diejenigen Buchstaben herauszugreifen, die gleichzeitig römische Zahlzeichen sind (I, V, X, L, C, D, M), sie der Größe nach zu ordnen und so denn einen blutleeren Zahlenwert des Wortes zu fingieren. Oder sie geben ohne Raffinement jedem Buchstaben den Zahlenwert, der seiner Stellung im Alphabet entspricht: A = 1, B = 2, C = 3 … Z = 26. Den Wert eines Wortes gewinnt man natürlich, indem man die Werte seiner Buchstaben addiert.

Diese „Gematrie für Anfänger" ließ sich variieren. Man konnte etwa jedem Buchstaben das *Quadrat* seines herkömmlichen Wertes zuordnen, konnte aber auch dem ersten Buchstaben des Alphabets den Wert 1, dem zweiten den Wert 1+2, dem dritten den Wert 1+2+3 usw. geben Bei dieser Lage der Dinge musste die Gematrie eine schwankende „Wissenschaft" sein: es gab eben zu viele Sprachen, zu viele Alphabete, zu viele Deutungstechniken. Es versteht sich aber auch, dass dies nicht dazu führen musste, die Gematrie zu verwerfen. Der wahre Gläubige hat sich mit dem Absurden immer bequem arrangieren können.

Der ausgebuffte Gematriker ist durchaus bereit, den Zahlenwert des einen Wortes nach dem einen System, den eines anderen Wortes nach einem anderen System zu berechnen und unerschrocken Schlüsse zu ziehen, wenn die beiden Werte trotz ihrer verschiedenen Provenienz übereinstimmen. Ein epochemachendes Beispiel ist das folgende: Der nach der

Standardmethode berechnete Zahlenwert des hebräischen Wortes *makôm* (Ort, Stelle, Raum) ist 186. Nimmt man nun die Zahlenwerte der vier hebräischen Buchstaben des Namens Jahwe, *quadriert* sie – das ist die Feinheit! – und addiert die Quadrate, so erhält man wiederum 186.[53] Damit war dem Kundigen klar: Es galt die Gleichung *Gott* = *Raum*. Sie sollte enorme Folgen haben: Sie ließ nämlich den bislang *endlichen* Weltraum *unendlich* werden, weil Gott unendlich ist, und in diesem unendlichen Gott-Raum können die Körper sich ungehindert und in alle Ewigkeit nach allen Richtungen bewegen. Und nun ist es dieser *unendliche* Raum, der die Formulierung des fundamentalen Trägheitsgesetzes erst möglich macht, eines Gesetzes, das man die Magna Charta der Mechanik genannt hat: „Jeder Körper beharrt im Zustande der Ruhe oder der gleichförmigen geradlinigen Bewegung, wenn er nicht durch einwirkende Kräfte gezwungen wird, seinen Zustand zu ändern." Ausgerechnet die mystische Gematrie hat hier das Tor zur rationalen Welterfassung weit aufgestoßen.

Dem frühen Denken ist der Name einer Sache die Sache selbst, und so ist denn auch der Zahlenwert eines Namens die Sache selbst: „888 ist Jesus" (siehe unten). Ein griechischer Dichter bewies, dass sein Erzfeind Thamagoras noch schlimmer sei als die Pest (*loimos*), denn Thamagoras habe den Wert 425, *loimos* nur den Wert 420.[54] Das Aufsteigen der Werte 871, 1225 und 1276 der (griechischen) Namen Patroklos, Hektor und Achilleus zeigte dem Kenner, dass Patroklos dem Hektor und Hektor dem Achilleus unterliegen würde (was auch geschah).[55] Dieses rohe Verfahren erbrachte freilich nicht immer die gewünschten Resultate und wurde deshalb verfeinert. Eine ingeniöse Verfeinerung verdankt man dem Kirchenschriftsteller Hippolyt; der angesehene islamische Historiker Ibn Chaldun (1332–1406) hat sie dankbar aufgegriffen:[56] Um bei zwei sich bekriegenden Königen den Sieger vorauszusagen, soll man die Werte ihrer Namen berechnen und von jedem dieser Werte so oft 9 abziehen, bis der Rest kleiner als 9 ist. „Sind nun *beide* Reste gerade oder *beide* ungerade, so wird der König mit dem *kleineren* Rest siegen. Ist *einer* der Reste gerade, der *andere* aber ungerade, so wird der König mit dem *höheren* Rest gewinnen. Sind die Reste *gleich* und gerade, so wird der angegriffene König. sind sie *gleich* und ungerade, so wird der angreifende König siegen.“ Also sprach Ibn Chaldun.

Herauszufinden, ob eine Krankheit tödlich enden würde oder nicht, machte dem apparativ gut ausgestatteten Gematriker keine Mühe. Als Wahrsagegerät diente eine Tafel, auf der in drei Spalten die Zahlen von 1 bis 30 in 3 Zehnerkolonnen eingetragen waren. Eine Querlinie (von links nach rechts) zerteilte das Ensemble in einen oberen Teil mit 18 (= 3×6) Zahlen und in einen unteren mit 12 (= 3×4) Zahlen. Der Arithmoprophet trat nun gelassen an den Kranken heran, bestimmte den Zahlenwert seines Namens und die Zahl des Monatstages, an dem die Krankheit begonnen hatte, addierte beide Zahlen, dividierte die Summe durch 30 und fasste den Divisionsrest ins Auge. Fiel er in den oberen Teil der Tafel. so blieb der Kranke am Leben, fiel er in den unteren, so war es um ihn geschehen.[57] Auf die Krankheit selbst – das war der Reiz des Verfahrens – kam es dabei nicht an. Von Erfolgskontrollen erfahren wir nichts.

220 und 284 sind „befreundete“ Zahlen (d. h. jede ist die Summe der echten Teiler der anderen). Von einem Prinzen des Mittelalters wird erzählt, sein Name habe den Wert 284 gehabt, und so habe er denn eifrig nach einer Braut mit einem Namen des Wertes 220 gesucht.[58] Es gibt kein charmanteres Beispiel für die Macht der Zahl.

Die Sprache des Neuen Testaments war das Griechische, und sie war auf den heiligen Text von Haus aus hervorragend zugeschnitten. Das zeigte sich überzeugend in gematrischen Tiefenschichten. Es fing damit an, dass der Name Ιησους (Jesus) im griechischen Zahlenalphabet den Wert 888 hat („888 ist Jesus“[59]), und diese Zahl hat die Quersumme 8+8+8 = 24 = Anzahl der Buchstaben des griechischen Alphabets. Das ist die erste Brücke von Jesus zum Griechischen. Die zweite: Jesus sah den Geist Gottes „wie eine Taube“ auf sich herabkommen (Mt 3,16). Das griechische Wort für Taube ist περιστερα (*peristera*), es hat den Wert 801, und das ist die Summe der Zahlenwerte des *ersten* Buchstabens α (= 1) und des *letzten* Buchstabens ω (= 800) des griechischen Alphabets.[60] Man beachte, dass Gott genau diese beiden Buchstaben zu seiner Selbstcharakterisierung verwendet: „Ich bin das Alpha und das Omega, der Anfang und das Ende“ (Offb 21,6). Jeder Aufgeweckte musste ferner eine Verflechtung der griechischen Sprache und Philosophie mit dem christlichen Denken darin sehen, dass die „heilige Vierheit“ der Pythagoreer – das Ensemble 1, 2, 3, 4 – als Summe 10 ergab, also genau den Zahlenwert des ersten Buchstabens I (= Jota) des Namens Ιησους (Jesus): Die heilige Vierheit ist Jesus.[61] Die griechische Sprache hing also mit dem christlichen Glauben so eng zusammen, dass die Gematrie fündig werden musste. Sehen wir uns nun einige gematrische Bravourstücke an.

In 1 Kön 19,18 verspricht Jahwe, er werde in Israel die 7000 Standfesten verschonen, die sich nicht vor Baal gebeugt haben. Der heilige Hieronymus (um 350–420) hat bewiesen, dass es sich bei diesen 7000 Aufrechten um Christen handelt, denn die griechischen Wörter επτακεις χιλιους (siebentausend) und Χρειστιανους (Christ) haben den gleichen Zahlenwert: 1941.

Einer der glänzendsten Triumphe christlicher Gematrie war der Beweis der berühmten Matthäus-Stelle „Nur einer ist gut“[62] (nämlich Gott) im 12. Jahrhundert durch Theophanes

Kerameus, Erzbischof im kalabresischen Rossano. Bei dem Beweis fiel noch ab, dass Gott auch *heilig* sei, so dass insgesamt die Gleichung galt: *Gott = gut = heilig.* Natürlich musste man die drei Glieder der Gleichung ins Griechische übertragen:

Gott = ϑεος (*theos*), gut = αγαϑος (*agathos*), heilig = αγιος (*hagios*).

Nun aber sah man sofort, dass die drei griechischen Wörter alle ein und denselben Wert haben: 284. Und so war denn Gott tatsächlich als gut und heilig erwiesen.[63] Eigentlich wusste das jeder, und doch war man dankbar für einen „rationalen Beweis".

Nach Cyprian (seit 248 Bischof von Karthago, zehn Jahre später als Märtyrer enthauptet) ist 365 eine heilige Zahl. Denn es ist 365 = 300+18+31+16, und hier ist 300 im griechischen Zahlenalphabet der Buchstabe Τ (großes Tau), der das Kreuz Christi symbolisiert, 18 ist die Summe der Zahlenwerte der beiden ersten Buchstaben Ι (= 10), η (= 8) des Namens Ιησους (Jesus), 31 ist (nach Cyprians Meinung) die Zahl der Lebensjahre Jesu, 16 ist das Regierungsjahr des Kaisers Tiberius, in dem Jesus gekreuzigt wurde.[64] Mit Cyprians husarenhafter Unbedenklichkeit, Zahlen sehr verschiedener Provenienz miteinander zu verrühren, wird man freilich jeder Zahl leicht ein gerüttelt Maß an Heiligkeit verschaffen können.

Wie dem auch sei: Die Zahl 365 war heilig, und sie war doppelt heilig, weil 365 auch die Zahl der Tage des Sonnenjahres und deshalb die Zahl der Untergötter war, die nach gnostischer Lehre den Tagen vorstanden. 365 war also eine Schlüsselzahl; und der höchste Gott hieß denn auch „Jener, dessen Zahl 365 ist".[65] Ausnehmend heilig war dank den Glaubensschriften der Juden auch die Sieben. Unüberbietbar heilig musste also ein Wort sein, das die Zahlen 7 und 365 kombinierte. Der gelehrte Basilides von Alexandria (2. Jahrhundert n. Chr.), der im Besitz geheimer Überlieferungen war und sie zu nutzen wusste, fand ein solches Wort, besser: er konstruierte es, als sei er ein Diplomingenieur der Theologie. Es war das Kunstwort αβρασαξ (*abrasax*). Dieses Gehirnerzeugnis bestand aus 7 Buchstaben und hatte den Zahlenwert 365. Es muss den christlichen Arithmotheologen eine berauschende Offenbarung gewesen sein, als ihnen aufging, dass auch der biblische Gottestitel αγιον ονομα (*hagion onoma*, „heiliger Name") den gleichen Zahlenwert hat wie das Konstrukt αβρασαξ (*abrasax*), nämlich 365.[66] Kein Wunder, dass αβρασαξ etwas wie eine Formel des ewig unzugänglichen Gottesnamens wurde; kein Wunder also, dass die Bastelarbeit des Basilides eine beispiellose Karriere hatte. Durch bloße Vertauschung von *s* mit *x* verwandelte sich *Abrasax* zunächst in *Abraxas* und dann durch Verballhornung in das renommierteste Zauberwort des Mittelalters: in *Abrakadabra* – ein Wort, das einen Siegeszug ohnegleichen durch praktisch alle Sprachen angetreten hat. Allenfalls das Wort „Big Mac" hat eine vergleichbare Erfolgsgeschichte.

Michael Stifel (1487–1567), Pfarrer, Freund Luthers, schließlich Professor für Mathematik in Jena, hat in seinem Werk *Vom End der Welt* (1532) den Weltuntergang gematrisch für den 18. Oktober 1533 um 8 Uhr morgens vorausgesagt. Das ist eine verblüffend präzise Zeitangabe. Wie kommt Stifel auf sie? Der Evangelist Johannes erzählt in seinem Bericht über die Passion Christi, dass ein Soldat eine Lanze in Jesu Seite stößt, und dann heißt es: „Sie werden auf den schauen, den sie durchbohrt haben" (Joh 19,37). Lateinische Fassung: „*Vi*-*d*eb*u*nt *i*n q*u*e*m* transf*ix*er*u*nt." Nun selektiert Stifel die kursiv gedruckten Buchstaben dieses Satzes, weil genau sie auch römische Zahlzeichen sind (mit v statt u); der Reihe nach sind es VIDVIVMIXV. Er ordnet sie der Größe nach und erhält

MDXVVVVIII = 1533. Damit war das Jahr des Weltuntergangs bereits ermittelt.[67] Tag und Stunde machten mehr Mühe; hier kramte Stifel lange im Buch *Daniel* herum, einem Schatzkästlein der Zahlenmystiker. Zwanzig Jahre nach dem Weltuntergang, der nicht gewesen war, gesteht er in seinem Buch *Ein sehr wunderbarliche Wortrechnung*: „Und rechnet [damals] ungeschickt und ungereimet ding / so lang bis ich zalen Danielis misbrauchet / zu erforschen Tag vnd stund der letzten zeit." Übrigens war er nach dem Nicht-Weltuntergang vier Wochen lang in eine tiefe Depression geraten. Kein Zweifel: Stifel war ein Forscher, wie er im Buche steht: Es betrübte ihn, es wurmte ihn, dass statt der Welt seine Prognose in Rauch aufgegangen war.

Ausgerechnet der Pfarrer und Mathematiker Stifel liefert ein glänzendes Beispiel für die Ruchlosigkeit, mit der ein Gematriker, wenn der Geist über ihn kommt, zu Werke gehen kann. Er tut das in seinem *RechenBüchlin vom EndChrist* (1532). Dem verehrten Luther möchte Stifel, damals Pfarrer in Lochau bei Wittenberg, alles Auszeichnende andichten, und dazu gehört eben, meint Stifel, auch eine enge Verbindung zwischen dem Namen MARTINVS LVTER und Luthers Geburtsjahr 1483. (NB: In Stifels Alphabet ist j = i und u = w = v.) Die Einfachstmethode zur Berechnung des Zahlenwertes eines Wortes (A = 1, B = 2, C = 3 usw.) würde bei MARTINVS LVTER natürlich nie zu der großen Zahl 1483 führen, also wählt Stifel ein hoffnungsvolleres, von ihm selbst ertüfteltes Verfahren: Er gibt dem ersten Buchstaben A den Wert 1, dem zweiten Buchstaben B den Wert 1+2 = 3. dem dritten Buchstaben C den Wert 1+2+3 = 6 usw. MARTINVS LVTER erhält mit dieser Methode aber nicht den gewünschten Zahlenwert 1483, sondern den um 90 größeren 1573. Stifel weiß sich zu helfen: Er erinnert sich daran, dass Jahwe in Gen 17,5 den Namen Abram mittels des Buchstabens h in Abraham verwandelt hatte. Durch Jahwes Manipulation fühlt er sich legitimiert, aus MARTINVS das N (= 91) herauszunehmen und so auf MARTIVS (= „dem Kriegsgott Mars geweiht“) zu kommen. Ohne falsche Bescheidenheit gratuliert er sich selbst zu seinem Einfall, durch diese Änderung das Kriegerische in Luther herausgearbeitet zu haben. MARTIVS LVTER hat den Zahlenwert 1482, ist also um 1 kleiner als das Geburtsjahr 1483. Stifel muss ein A (= 1) in den Namen hineinpraktizieren, und das ist ihm ein leichtes. Hat nicht der Reformator „das Evangelion rein und lauter herfür gebracht“? Es wird sich also ziemen, LAVTER statt LVTER zu schreiben. Und nun ist Stifel am Ziel: MARTINVS LVTER hat unter dem Designernamen MARTIVS LAVTER den Wert 1483.

Der sonst so abgebrühte Napoleon glaubte allen Ernstes, er sei deshalb der legitime Nachfolger der französischen Könige, weil „Bonapart“ (nicht „Buonaparte“) denselben Wert hat wie „Bourbon“: 87. Ernst Haeckel (1834–1919), berühmter darwinistischer Zoologe, Verfasser der immer wieder aufgelegten *Welträtsel*, ein erstklassiger Gottseibeiuns – diese fleischgewordene Fortschrittsgläubigkeit schöpfte Kraft für den Kampf gegen den Obskurantismus aus dem Wissen, dass die Namen Haeckel und Kant ein und denselben Zahlenwert haben, nämlich 43 (freilich nur in einem „jot[t]-losen“ Alphabet; „jottlos“ – die Berliner Version von „gottlos“ – wird dem bekennenden Atheisten gut in den Ohren geklungen haben).

Ihre jammervollste Niederlage hat die Gematrie unter den Händen eines jüdischen Kritikers erlitten, der, um den ehrwürdigen Schwindel auffliegen zu lassen, gematrisch die gotteslästerliche Gleichung bewies: „Buch der Genesis = Lug und Trug“.[68]

Das „Umkehrproblem der Gematrie“ ist die Aufgabe, aus der „Zahl des Namens“ den „Namen“ selbst zu ermitteln. Da nun aber unübersehbar viele „Namen“ dieselbe „Zahl“ haben, ist das Problem unlösbar. Im Reich des Irrationalen ist dies freilich kein Grund, es nicht immer wieder neu zu stellen. In Pompei hat ein erotisch erhitzter Jung-Gematriker an eine Wand gekritzelt: „Ich liebe die, deren Zahl 545 ist.“[69] Wir werden den Namen der Geliebten nie erfahren.

Das berühmteste Exempel eines Umkehrproblems steht in der *Offenbarung des Johannes* (13,11–18). Hier wird gesagt, das Tier aus der Tiefe – es symbolisiert den Antichrist – habe einen Namen mit dem Zahlenwert 666, und diese Zahl sei auch die „Zahl eines Menschennamens“. Dem Leser wird angesonnen, den „Menschennamen“ herauszufinden. Der Verfasser weiß, dass das nicht leicht ist; warnend fügt er hinzu: „Hier braucht man Kenntnis (*sophia*).“ Bei unlösbaren Problemen genügt aber noch so große *sophia* nicht. Dennoch haben sich immer wieder Gelehrte und Supergelehrte, Kluge und Neunmalkluge auf die Suche nach dem 666-Unhold gemacht und sind dabei auch fündig geworden (was nicht zu wundern braucht, denn die Welt hat ein großes Sortiment von Schurken, passend für alle Zwecke). Unter den inkriminierten 666ern dürfen natürlich die Christenverfolger Nero und Diokletian nicht fehlen, in den Augen der Lutheraner gehören aber auch die Päpste zu dieser infamen Gesellschaft. Den Antilutherpapst Leo X. (lat. *Leo decimus*) hatte Stifel mit ruppiger Gematrie folgendermaßen zum 666-Antichrist gemacht: Aus *L*EO *D*E*CIM*V*S (wie immer V = U!) griff er die (kursiv gedruckten) Buchstaben heraus, weil sie römische Ziffern sind, und ordnete sie der Größe nach: MDCLVI = 1656. Jetzt aber wurde Stifel gewalttätig: Er deutete M aus eigener Machtvollkommenheit nicht als Zahl, sondern als Anfangsbuchstabe des Wortes *mysterium*, und ließ dieses M als *Nicht*zahl einfach weg. Das führte zu DCLVI = 656. Als nächstes bemerkte er, dass *Leo decimus* 10 Buchstaben hat, addierte diese 10 ohne zu fackeln zu 656 und erhielt glücklich die Antichristzahl 666 als Zahl des Papstes.[70] Luther und Melanchthon begnügten sich nicht mit solchen Teilergebnissen.

Mittels des hebräischen Alphabets deuteten sie 666 als *romith* und dies als *römisch*, und wussten nun, dass alles Römische, insbesondere *jeder* Papst, nicht nur Leo X., von der Unterweltszahl 666 infiziert war.[71] Dieses befriedigende Resultat wurde unabhängig vom Hebräischen wie folgt bestätigt: Der Papst ist nach eigener Aussage *VICARIVS FILII DEI* („Stellvertreter des Gottessohnes"), was ihm nun gematrisch sofort das Genick bricht: Die Buchstaben dieses Titels, die gleichzeitig römische Zahlzeichen sind, liefern nämlich die Malefizzahl 666. Wahrlich, wahrlich, die Gematrie war ein scharfes Schwert im Kampf gegen die Papisten. Luther freilich kam auch nicht ungeschoren davon: Ein gewisser Petrus Bungus hat ihn in seinem Buch *Die mystische Bedeutung der Zahlen* (1584) mittels einer listigen Gematrie als 666-Antichrist entlarvt. Bungus hat sich so einen Trampelpfad in die Unsterblichkeit gebahnt.

666 ist immer aktuell. Gegen Ende 1999 stand im russischen Internet der Artikel *Der Mensch und die Angst.* Sein Verfasser tat kund, dass die „Tierzahl" 666 auch in der Registernummer 1566 des Asteroiden Icarus enthalten sei (NB: die Summe 1+5 der beiden ersten Ziffern ist 6), und Icarus soll mit der Erde im Jahr 2006 zusammenstoßen. Ferner: „Gibt man jedem Buchstaben des russischen Alphabets eine stellungsgemäße Zahl, und tauscht dann in dem Titel *Präsident der Union der Sowjetischen Sozialistischen Republiken* alle Buchstaben gegen die entsprechenden Zahlen aus, dann hat man in der Summe ebenfalls diese drei Sechsen [der Tierzahl]."

Da der achte Buchstabe des Alphabets das H ist, weiß heute jeder, dass die 88 für „*H*eil *H*itler" steht. 1999 wurden Grabsteine des jüdischen Friedhofs in Alsheim mit der Zahl 88 beschmiert.

5 Die Sechzig – die ewig junge Zahl aus dem alten Land Sumer

Und jedem Anfang wohnt ein Zauber inne.

Hermann Hesse

„Terach nahm seinen Sohn Abram, seinen Enkel Lot, den Sohn Harans, und seine Schwiegertochter Sarai, und sie wanderten miteinander aus Ur in Chaldäa aus, um in das Land Kanaan zu ziehen" (Gen 11,31).

„Ur in Chaldäa" ist jene Stadt Ur im südlichen Mesopotamien, die um 2500 v. Chr. und dann wieder um 2000 v. Chr. das politische Zentrum des Landes Sumer war. Die Sumerer haben im 4. Jahrtausend v. Chr. damit begonnen, die erste Hochkultur der Menschheit zu schaffen, auf sie gehen blühende Stadtstaaten, eine durchdachte Landwirtschaft mit Be- und Entwässerungskanälen, die Töpferscheibe, Wagen, die Schrift und die auf Schriftlichkeit beruhende rationale Verwaltung zurück. Schon im 3. Jahrtausend schafften sumerische Schiffe Kupfer aus dem Lande Dilmun heran und führten Getreide aus. Es ist, als mache sich in all dem das Denken Enkis bemerkbar, eines Gottes, der zum regierenden sumerischen Göttertrio gehört. Enki ist ein menschenfreundlicher Ingenieur-Gott, der weiß, wo unsereinen der Schuh drückt. Im Geiste Enkis schufen die Sumerer vor 5000 Jahren Zahl, Zahlenschrift und ein ausgefeiltes Zahlensystem als Instrumente der Lebensbewältigung.

Aber die Sumerer waren nicht nur Praktiker. Sie waren

tiefsinnig genug, um als erste einen der großen Gedanken der Menschheit zu denken: den Gedanken der Evolution, und um die Sintflutsagen und Gilgameschdichtungen zu schaffen, die später in das babylonische Gilgameschepos eingeflossen sind. Sie waren kreativ genug, um die Mitbegründer der glänzenden babylonischen Kultur zu werden. Man bedenke, was es heißt, dass die führende sumerische Göttertriade ohne wesentliche Änderungen zur führenden babylonischen Göttertriade aufgestiegen ist. Und dazu kommt noch, dass das Sumerische die Sprache des babylonischen Kultus geworden und jahrhundertelang geblieben ist. Das Sumerische war für Babylon, was das Lateinische fast zweitausend Jahre lang für den Katholizismus gewesen ist.

Abram also hatte in diesem gesegneten Land Sumer Schafe gehütet, verließ es und nannte sich nach seiner Auswanderung Abraham. Abraham zeugte Isaak, Isaak zeugte Jakob, Jakob zeugte Joseph. Und jetzt ist Thomas Mann an der Reihe. Der nämlich zeugte den Josephsroman, und in ihm erzählt er u.a., wie der junge Joseph in die Welt der Zahlen eindringt: „Er lernte das Wunder und das Geheimnis der Zahl, die Sechzig, die Zwölf, die Sieben, die Vier, die Drei, die Göttlichkeit des Maßes und wie alles stimmte und einander entsprach, so dass es ein Staunen war und eine Anbetung des großen Einklangs."[72] Es sind nicht irgendwelche „gegriffenen" Zahlen, die der Schriftsteller hier vorbringt, es sind die „heiligen Zahlen" unserer orientalisch-okzidentalen Kultur, und sie möchte ich dem Leser nun nahebringen.

Wir kennen die sumerischen Zahlen und Zahlendarstellungen von Tontäfelchen her, die man vor allem in der Umgebung von Tempeln gefunden hat. Es handelt sich hier um Bescheide und Quittungen für die „Kirchensteuer". Auch bei den Sumerern hatte der Gottesdienst etwas mit barer Zahlung zu tun. Wer eine Kirchensteuer festsetzen will, kann sich nicht mit der kurzatmigen Zahlenreihe „eins, zwei, viele" begnügen, die bei den Naturbelassenen so sehr im Schwange ist. Zwar begann auch bei den Sumerern das Zählen wenig vielversprechend nach diesem „natürlichen" Schema, nämlich so:

gesch (eins, Mann, männliches Glied), *min* (zwei, Frau), *esch* (viel, Mehrheit),

aber damit hörte es nicht auf, es ging weiter – und es ging auf eine Art weiter, die einem den Atem verschlagen konnte: Es ging nämlich zunächst in Zehnerschritten weiter, wie in einem Dezimalsystem, aber nicht dezimalistisch konsequent bis $100 = 10 \times 10$, sondern nur bis 60. Bei 60 erfolgte ein Bruch, besser: Es geschah ein neuer Anfang. Die Sechzig war eine neue Eins, sie hieß denn auch, wie die eigentliche Eins, *gesch* (oder *geschta*) und wurde, wie die eigentliche Eins, in der Keilschrift durch einen „Nagel" dargestellt, nur war der Sechzigernagel größer als der Einernagel: Sechzig war die „große Eins". Sie war die Grundzahl des sumerischen „sexagesimalen" Zahlensystems, wenn auch in etwas anderer Weise als die Zehn die Grundzahl unseres dezimalen Systems ist.[73] Bleibt die Frage, warum in Sumer ausgerechnet die Sechzig der arithmetische Leitwolf gewesen ist.

Man weiß es nicht. Die Sechzig gehört noch immer zu den großen Geheimnissen des geheimnisvollen Volkes zwischen Euphrat und Tigris. An Hypothesen ist kein Mangel, aber gegen jede lassen sich starke Einwände ins Feld führen. Die Sechzig, sagt eine der Haupthypothesen, hat hervorragende Teilbarkeitseigenschaften[74] und ist deshalb für Händler und Handwerker äußerst vorteilhaft. Der babylonische Münzfuß hatte übrigens eine korrespondierende Sechziger-Struktur: „1 Talent zu 60 Minen, 1 Mine zu 60 Schekeln". Genügt aber dieses ökonomische Räsonnement, um die herausgehobene Rolle der Sechzig in Sumer zu erklären? Ich glaube nicht. Denn wenn das Ökonomische das Entscheidende wäre, müssten alle Völker irgendeine Form des Sexagesimalsystems haben. Das haben sie aber nicht.

Zahlen werden geistig und emotional immer dadurch „aufgeladen", dass sie wichtige und ständig wiederkehrende Phänomene der Natur begleiten und so diese Phänomene zu „beherrschen" scheinen. Im Falle der Sechzig werden wir an die große und lebensbestimmende Erscheinung denken müssen, dass das altorientalische Jahr 360 (= 6×60) Tage hatte. (Freilich wusste man schon damals, dass dies nicht das landwirtschaftlich wichtige Sonnenjahr war, und hängte deshalb dem 360-Tage-Jahr ohne viel Lärm noch fünf Tage an.) Allerdings hätte die Jahreslänge von 360 Tagen auch zu den Zahlen 180 oder 120, zu 90 oder 30 (neben anderen) als besonders markanten Zahlen führen können. Aber die Sechzig mag sich unter rein rechnerischen Gesichtspunkten – doch immer im astronomisch-theologischen Kontext der Jahreslänge – den Sumerern dadurch empfohlen haben, dass sie noch nicht unhandlich groß und dennoch, um es noch einmal zu sagen, mit vielen Teilern ausgestattet war. Es ist in diesem Zusammenhang sehr auffällig, dass ein sumerischer Text von einer Frühzeit erzählt,

> als das Getreide mit den Ähren von dreißig Körnern nicht da war,
> als das Getreide mit den Ähren von sechzig Körnern nicht da war ...[75]

Der Text bevorzugt – ohne botanischen Grund! – die Zahlen 30 und 60. Die eine ist die Grundzahl des sumerischen Zahlensystems geworden, die andere hätte es werden können. Durch die Jahrhunderte hindurch war die Dreißig keineswegs ein Aschenputtel, sondern eine Zahl, die neben der Sechzig eine gute Figur machte, in der Mondastronomie und Monatsarithmetik sogar eine sehr gute. Sie konnte sich auch vieler

Teiler rühmen, nämlich der sechs Teiler 2, 3, 5, 6, 10, 15. Man vergleiche damit die ärmlichen *zwei* Teiler der Zehn! Die Zehn verdankt ihren Siegeszug einzig einem Zufall der äffisch-menschlichen Anatomie: dem Zufall der zehn Finger. Die zehn dezimalen Ziffern 0, 1, 2 … 9 heißen im Englischen auch heute noch *digits* = Finger. Mit seinen zweimal fünf Fingern trägt der Mensch ständig einen kleinen Zählapparat mit sich herum; die Griechen gebrauchten denn auch das suggestive Wort *pempasein* („fünfern") für „zählen". Zurück zur Sechzig! Sie hat der Dreißig schließlich den Rang abgelaufen, jedenfalls in Sumer und Babylon. Spielte dabei vielleicht auch eine Rolle, dass die Sechzig „in der Mitte" zwischen zwei astronomischen Grundzahlen stand: zwischen den 12 Bildern des Tierkreises und den 360 Tagen des Jahres? Es ist ja *60* = 5×*12* und 6×*60* = *360*. Vielleicht übte die Sechzig aber auch dadurch einen Zauber aus, dass sie das Produkt der drei unmittelbar aufeinander folgenden Zahlen 3, 4 und 5 war. Die Dreißig konnte dem nichts entgegensetzen.

Die Sechzig und ihre Vielfachen spielen auch bei zahlreichen Völkern außerhalb von Sumer eine – nicht selten bizarr anmutende – Rolle. Homers „göttlicher Sauhirt" Eumaios hat anfänglich *360* (= 6×60) gemästete Eber gehabt, von denen er dann widerwillig den gierigen Freiern der Penelope täglich einen in die Küche lieferte. Auf seinem Zug gegen Babylon bestrafte der persische König Kyros den Fluß Gyndes, indem er ihn buchstäblich „erniedrigte": Durch *360* Gräben beraubte er den Strom seines Wassers. Ein anderer Perserkönig, Xerxes, ließ den Hellespont mit *300* (= 5×60) Geißelhieben züchtigen, weil ein Sturm die mühsam erbaute Brücke über die Meerenge zerstört hatte.[76]

Plutarch bedient sich im 75. Kapitel seiner Schrift *Isis und Osiris* ungescheut des Krokodils, um die Sechzig ins rechte Licht zu rücken. Zunächst schreibt er dem weiblichen Krokodil ein hellseherisches Vermögen zu, das so leicht niemand erwartet hätte, dann berichtet er, diese das Heilige streifende Echse lege sechzig Eier, bebrüte sie sechzig Tage lang und werde sechzig Jahre alt. Tief beeindruckt von der Krokodils-Sechzig fährt er nun abrupt so fort: „Die Sechzig ist das Urmaß für alle diejenigen, die sich mit Himmelsphänomenen befassen."

Zu all dem kommt nun noch ein höchst merkwürdiges und auffallendes Phänomen: dass nämlich in vielen alten Sprachen hinter der Sechzig ein Bruch in den Zahlennamen erfolgt.[77] Für das Gotische z. B. ist 60 in heutigem Deutsch „sechs Zehner", dann aber folgt „das Gesiebt, das Geacht, das Geneunt, das Gezehnt von Zehnern".[78]

Trotz Plutarchs Preisung der Sechzig als des „Urmaßes" fragt man sich, ob nicht die Neun an ihre Stelle hätte treten können. Die Neun verknüpft in bemerkenswerter Weise das Kosmische mit dem Menschlichen: $40 \times 9 = 360$ Tage zählt das Jahr, 9 Monate dauert die Schwangerschaft. Wohlgemerkt: Der Schwangerschaftszeitraum war ein anthropologisches Basisfaktum. Ein sumerischer Text berichtet von Enkis Gemahlin Nin-tu ausdrücklich: „Ihr neunter Tag war ihr neunter Monat, der Monat des Gebärens."[79] Aber der Neun geht nun einmal nach, dass sie nur einen einzigen nichttrivialen Teiler hat: die Drei. Die Neun ist heilig, aber praktisch ist sie nicht.

Im jüdischen Kultus wurde die Sechzig rasch in den Bereich des Sakralen hineingezogen: Sechzig Widder, sechzig Böcke und sechzig einjährige Lämmer wurden für die Weihe des Altars geopfert (Num 7,88). Die Reinigungsvorschriften ordneten an, dass in Privathäusern zwar nicht sechzig, aber doch sechs Wasserkrüge bereitstehen mussten (Joh 2,6). Salomo baute seinem Gott ein Haus, das sechzig Ellen lang, zwanzig Ellen breit und dreißig Ellen hoch war (1 Kön 6,2). Isaac Newton (1642–1727), der größte Physiker vor Einstein, studierte sorgfältig alle Maße dieses Tempels, um den Geheimnissen des Universums auf die Spur zu kommen.[80] Im dritten Buch („Vom System der Welt“) seines Hauptwerks ist ihm dies mit den profanen Mitteln der Mathematik freilich viel besser gelungen.

Antike Tempel werden jährlich von Hunderttausenden besucht, aber sie sind nicht mehr „in Betrieb“. Die alte sumerische Sechzig aber steht noch immer da in voller Kraft und Frische. Unsere Stunde hat sechzig Minuten, jede Minute hat sechzig Sekunden, der Kreis wird (nach dem Vorbild des sumerischen Jahres) eingeteilt in 360°. Der sechzigste Geburtstag ist bei uns ein Einschnitt ganz besonderer Art: Er beendet eine Lebensphase und eröffnet eine neue, er ist ein Anfang nach einem Abschluss. „*Ad multos annos*!“, „Noch viele Jahre!“, „Jetzt geht's los!“, ruft man dem Jubilar anfangsakzentuierend zu. Unser sechzigster Geburtstag ist die sumerische „große Eins“, der „große Nagel“, die sumerische Neustartmarkierung. Der zahlenmystisch Beschlagene wird bei der Feier seines sechzigsten Geburtstages daran denken, dass 60 = 5+21+34 ist, und dass die Summanden 5, 21, 34 nicht inhaltsleere Zahlen sind, sondern zu den wundersamen „Fibonaccizahlen“ gehören. Die Folge dieser Zahlen, benannt nach dem Italiener Fibonacci (eigentlich Leonardo von Pisa, etwa 1170–1250), beginnt (willkürlich) mit 1, es folgt nochmals (willkürlich) 1, und nun ergeben sich die nächsten Zahlen, indem man der Reihe nach die Summe der beiden unmittelbar vorhergehenden bildet. Man erhält so die Folge

1, 1, 2, 3, 5, 8, 13, 21, 34, 55, 89 …

Die Fibonaccizahlen entstehen auf spielend einfache Weise – es geht kaum einfacher – und nie würde man vermuten, dass ausgerechnet diese Simpel-Zahlen eine schier unglaubliche Fülle „innerer Eigenschaften“ und „äußerer Anwendungen“ haben – von der Phyllotaxis (= Anordnung der Pflanzenblätter) über den Goldenen Schnitt und die elektrischen Netzwerke bis hin zur Virusforschung. Fibonacci selbst konnte das alles nicht ahnen, als er von einer Frage über Kaninchenvermehrung – *Kaninchenvermehrung*! – auf seine Zahlen geriet, die sich als Wunderzahlen erweisen sollten. Dem Zahlenmystiker wird an seinem sechzigsten Geburtstag ein angenehmer Schauder – ein Schauder robuster Vitalität – über den Rücken laufen, wenn er daran denkt, dass 60 die Summe von Fortpflanzungszahlen, nämlich der Kaninchenvermehrungszahlen 5, 21, 34 ist.

In Japan ist nicht der 60. Geburtstag der ganz besondere Tag, sondern der 66. Die japanische Zivilisation ist eben nicht mit Euphratwasser getauft. Aber auch bei uns drängt ab und an, zunächst noch verlegen und unsicher, die 66 ins Rampenlicht: Ein Schlager von Udo Jürgens hieß „Mit 66 Jahren, da fängt das Leben an“, und der *Focus* vom 20. August 2001 brachte die Titelgeschichte „66×Spaß“. Bereitet sich bei uns ein Kultur„bruch“ – ein *Mini*kulturbruch – vor? Ein „Abschied von Sumer“? Oder ist hier nur der Zauber der Zahlenrepetition am Werk, der ja auch dem Datum „9. 9. 99“ seinen verhexenden Charme verleiht. Ein Blick auf England kann uns über den deutschen Sonderweg „66“ (wenn es denn einer ist) hinwegtrösten. Auf der Insel nämlich nennt man noch immer einen Sechzigjährigen kompakt-substantivisch *sexagenarian*, ein Fünfzigjähriger aber ist nur in gehobener Sprache ein *quinquagenarian*, ansonsten beschreibt man ihn gewissermaßen lustlos als *a man in his fifties* oder als *a man of fifty*. Dem Siebzigjährigen ergeht es ähnlich; auch er bringt es nur bei Sonderanlässen zum *septuagenarian*. Die Sechzig ist eben seit fünftausend Jahren eine stolz-solitäre „Anfangszahl“, und der *sexagenarian* zieht daraus noch heute seinen Vorteil. Auch im Alten Testament ist sie die Marke eines Neubeginns. „Isaak war sechzig Jahre alt, als ihm [seine ersten Söhne] Esau und Jakob geboren wurden“; „Hezron war sechzig Jahre alt, als er die Tochter Machirs zur Frau nahm."[81] Man hat in der Sechzig häufig eine „Rundzahl" sehen wollen, d.h. eine Zahl, die gar nicht den wohlbestimmten Wert 60, sondern nur ein unbestimmtes „vieles" meint. In diesem Sinne berichte das Alte Testament, Rehabeam habe sechzig Nebenfrauen, Salomo sechzig Königinnen gehabt.[82] In diesem Sinne heißt es auch im althochdeutschen Hildebrandslied: „Ich wallte der Sommer und Winter sechzig außer Landes." Mag sein, dass in diesen Sätzen „sechzig" nur „viel" bedeuten soll; dennoch bleibt die Frage – und sie ist entscheidend –, warum gerade der Sechzig (nicht der Siebzig, nicht der Hundert) die Rolle einer Rundzahl übertragen wurde.

Immer wieder hat es Versuche gegeben, die sexagesimalen Elemente des modernen Lebens durch dezimale zu ersetzen – immer wieder sind sie gescheitert, und zwar so gründlich, dass sogar der Spott hier Stoff gewinnen konnte. („Sollten die Engländer tatsächlich einmal zum Dezimalsystem übergehen, dann werden sie wohl als Erstes die Stunde in hundert Minuten teilen.") Mit der Sechzig ist ein Stück sumerischer Kultur mitten unter uns. Die Sechzig überbrückt Jahrtausende, sie verbindet Seine und Potomac mit Euphrat und Tigris. Wer auf seine Uhr schaut, der schaut auch auf Abrahams Ur.

6 Die Zwölf – Botschaft des Tierkreises

Merkwürdige, geheimnisvolle Zahlen. Wie das Zählen noch neu war, so mussten oft vorkommende Zahlen beim Zählen wirklicher Dinge, charakteristische, bleibende Zahlen … die Einbildung der Menschen aufs Lebhafteste beschäftigen und sie in der Wissenschaft der Zahlen einen tiefverborgenen Schatz von Weisheit, einen Schlüssel zu allen verschlossenen Türen der Natur ahnen lassen.

Novalis (1772–1801)

Wallensteins Seni, der als Astrologe auch ein gewiegter Numerologe ist, kritisiert heftig die Anzahl der Stühle, die für ein Bankett aufgestellt werden:

> Elf! Eine böse Zahl. Zwölf Stühle setzt,
> Zwölf Zeichen hat der Tierkreis, Fünf und Sieben,
> Die heilgen Zahlen liegen in der Zwölfe.[83]

Auch die babylonischen Priesterastronomen, die auf hohen Tempeltürmen, den Zikkurats, mit unendlicher Geduld die Sterne observierten, auch diese „Chaldäer" kannten den Tierkreis und seine zwölf Sternbilder. Die zwölf Sternbilder gaben der Zahl Zwölf einen göttlichen Rang. Die Wanderung des Mondes durch den Tierkreis bestimmte die zwölf Monate und das Mondjahr und regte dazu an, den Tag in zwölf „Stunden" (in unserem Sinne „Doppelstunden") einzuteilen. Fasste man bei der Tierkreiswanderung des Mondes die zwölf Sternbilder zu *drei* aufeinander folgenden *Vierer*gruppen zusammen, so erhielt man die *drei* babylonischen Jahreszeiten. Die ebenfalls mögliche Zusammenfassung zu *vier Dreier*gruppen führte später zu den *vier* Jahreszeiten. Arithmetische Grundlage dieser Einteilungen waren die Gleichungen 12 = 3×4 („dreimal die Vier") und 12 = 4×3 („viermal die Drei"). Die Zwölf fand sich noch an anderen Stellen des Himmels, und zwar immer in bedeutenden Zusammenhängen. Viele Beobachter zählten im Großen Bären zwölf Sterne (andere freilich mehr).[84] Der Große Bär aber war ein lebenswichtiges Sternbild, denn er diente den Reisenden in Wüsten und auf Meeren als Orientierungshilfe. Der mächtige Stadtgott Babylons war Marduk. Diese Astralgottheit war der hell strahlende Planet Jupiter, und dessen Umlaufzeit beträgt zwölf Jahre. In dem apokryphen Buch *Henoch* des Alten Testaments findet sich ein astronomisches Kapitel in vollendet babylonischem Geist. Geradezu massiert tritt hier die Zwölf am Himmel auf. Wir hören von „*zwölf* Toröffnungen im Umkreis des Sonnenwagens am Himmel, aus denen die Sonnenstrahlen und die Wärme hervorgehen"; wir hören von *zwölf* weiteren Himmelstoren, aus denen „Sonne, Mond und Sterne und alle Werke des Himmels" kommen. An den Enden der Erde schließlich gibt es „*zwölf* nach allen Himmelsgegenden geöffnete Tore, aus denen die Winde hervorgehen".[85] Die babylonische Astronomie hat die Zwölf zu einer „Himmelszahl" gemacht. Und dabei darf man nie vergessen, was der Nachthimmel über Babylon war: ein unvergleichliches Leuchten und Glänzen, ein Strahlen und Funkeln, ein Glitzern und Blitzen – eine vollendet reine Geistigkeit.

Die Chaldäer werden auch um die arithmetischen Mysterien der Zwölf gewusst haben. Neben Senis Gleichung 12 = 5+7 („Fünf und Sieben, die heilgen Zahlen liegen in der Zwölfe") wussten sie, dass die Himmelszahl Zwölf die *Summe* der drei unmittelbar aufeinander folgenden Zahlen 3, 4, 5 ist: 12 = 3+4+5; sie wussten auch, dass die sumerisch-babylonische Grundzahl 60 das *Produkt* dieser Zahlen ist: 60 = 3×4×5. Mussten dann die Zahlen 60 und 12 nicht aufs Innigste verbunden sein? In alten Tagen waren das keine wirren Träumereien. Ein Geist wie Augustinus hat ausdrücklich darauf hingewiesen, dass die Sieben als 3+4 eng mit der Zwölf als 3×4 zusammenhängt. Damit es dem Tripel 3, 4, 5 an nichts fehle, kam noch hinzu, dass es ein „pythagoreisches Zahlentripel" ist, d.h., dass $3^2 + 4^2 = 5^2$ gilt. Geometrisch bedeutet dies, dass das Dreieck mit den Seitenlängen 3, 4, 5 besonders schön und besonders nützlich, nämlich *rechtwinklig* ist. Schon im alten Ägypten haben Maurer und Zimmerleute das Tripel 3, 4, 5 zur sogenannten „Seilkonstruktion" rechter Winkel benutzt. Zu einer weltgestaltenden Rolle stieg die Zwölf auf, als Platon in seinem *Timaios* das rundliche Dodekaeder, den „Zwölf-Flächner", dessen Oberfläche aus *zwölf* regelmäßigen Fünfecken besteht, zum Bild des Kosmos machte.

In seiner Blütezeit war Babylon eine glanzvolle Kapitale der Kultur Gleich zwei der sieben Weltwunder kamen aus dieser Metropole der Metropolen: die gewaltigen Stadtmauern und die hängenden Gärten der Semiramis. Um die seit 1000 v. Chr. schon hoch entwickelte babylonische Astronomie herum rankte sich ein ganzes Geflecht von Wissenschaften. Der Prophet Jesaja (2. Hälfte des 8. Jahrhunderts), ein bekennender und hochtouriger Antibabylonier, nennt das Paris des Ostens mit widerwilliger Anerkennung und knirschenden Zähnen „das Kleinod unter den Königreichen, das Schmuckstück der stolzen Chaldäer" (Jes 13. 19). Im Übrigen ist ihm Babel eine sittlich heruntergewirtschaftete Saus-und-Braus-Stadt, die sich zu allem Überfluss auch noch peinlich hoffärtig in ihrem Wissensstolz bläht: „Deine Weisheit und dein Wissen", grollt er, „verleiten dich, in deinem Herzen zu denken: Ich und sonst niemand" (Jes 47, 10).

Man kann sicher sein, dass die Kulturhegemonie Babylons die mesopotamische Himmelszahl Zwölf auch für das passioniert antibabylonische Israel zu einer Fundamentalzahl gemacht hat. In Israel tat allerdings wegen des tiefen jüdischen Widerwillens gegen jeden Astralkult die Zwölf etwas geziert so, als komme ihre Macht nicht vom Himmel, sondern von der Tatsache – die keine ist! –, dass das jüdische Volk in zwölf Stämme gegliedert war, die den zwölf Söhnen Jakobs entsprungen sein sollten. Mit Selbstgefühl nannte man sich das „Zwölfstämmevolk". Eine Zahl im Namen besagt viel über Rang und Würde dieser Zahl. Immer wieder wird beim Auftreten der Zwölf auf die zwölf Stämme angespielt. Die Stadtmauer des neuen Jerusalem soll in jeder ihrer vier Seiten drei Tore haben; so erhält die heilige Stadt insgesamt zwölf Tore, und diese werden „nach den Stämmen Israels benannt" (Ez 48, 31–34). Die Führer der zwölf Stämme spenden für die Weihe des Altars zwölf silberne Schüsseln, ferner zwölf silberne und zwölf goldene Schalen, dazu zwölf Rinder, zwölf Widder, zwölf Lämmer und zwölf Ziegenböcke für das Sündopfer. Es ist aufschlussreich, dass an dieser Stelle noch die Vielfachen 24 und 60 der 12 ins Spiel kommen: „Außerdem im Ganzen vierundzwanzig Rinder, und zwar Stiere, sechzig Widder, sechzig Böcke und sechzig einjährige Lämmer für das Heilsopfer" (Num 7,84–88). Das „Meer", ein großes bronzenes Wasserbecken in dem Tempel Salomos, steht auf zwölf Rindern (aufgestellt in vier Dreiergruppen in Richtung Norden, Westen, Süden, Osten, 1 Kön 7,23–25). Im *Zwölfprophetenbuch* sind die zwölf „kleinen Propheten" des Alten Testaments zusammengefasst.[86] Die Dominanz der Zwölf als Zwölf ist hier mit Händen zu greifen, denn recht besehen gibt es mehr als 12 „kleine" Propheten. So wächst die Zwölf im Ambiente von Altar und Tempel zu einer sakralen Zahl heran. Von besonderer Wichtigkeit ist bei all dem die „arithmetische Flexibilität“ der Zwölf: Sie lässt sich in vier Dreiergruppen und in drei Vierergruppen zerlegen (so kommt es zu den vier Gruppen von je drei Rindern unter dem „Meer“ Salomos und zu den drei Jahreszeiten zu je vier Monaten der Babylonier); außerdem gibt es noch die Zerlegungen in zwei Sechsergruppen und in sechs Zweiergruppen. (Die Mädchen, die dem König Artaxerxes zugeführt wurden, erhielten eine opulente zwölfmonatige Schönheitspflege; „sechs Monate Myrrhenöl und sechs Monate Balsam und andere Schönheitsmittel der Frauen.“ – „Jesus rief die zwölf Jünger zu sich und schickte sie aus, jeweils zwei zusammen.“[87])

In einem fahlen Licht aber erscheint die Zwölf in der Geschichte des Leviten, der, um sich selbst zu retten, seine Nebenfrau einem Haufen übler Burschen preisgibt und die Geschändete anschließend mit einem Messer zerschneidet – „in zwölf Stücke“. Und nicht weniger fahl ist das Licht, das etwas später auf die Zwölf fällt, wenn wir hören, dass die Gemeinde *zwölf*tausend Krieger nach Jabesch-Gilead mit dem Befehl schickte, „Geht hin und erschlagt alle Einwohner von Jabesch-Gilead mit scharfem Schwert, auch Frauen und Kinder“ (Ri 19,22–29 und 21,10).

Es ist der *zwölf*jährige Jesus – nicht der *elf*jährige, nicht der *dreizehn*jährige –, der im Tempel Fragen stellt und Antworten gibt, dass den Anwesenden Hören und Sehen vergeht (Lk 2,41–47). Es ist dieser Jesus, der exakt *zwölf* Apostel beruft; am Jüngsten Tag, sagt er, werden sie „auf zwölf Thronen sitzen und die zwölf Stämme Israels richten“ (Mt 19,28). Den Aposteln, einfachen Werkleuten, gefällt das annoncierte Sitzen auf Thronen nicht übel. Aus der Gleichung $12 = 3 \times 4$ deduzierte Augustinus in einem kühnen Coup arithmetischer Theologie, es sei die Aufgabe der zwölf Apostel, den Glauben an die Trinität (= Dreiheit) in den vier Weltteilen zu verbreiten.[88] Als die Jünger nach der wunderbaren Brotvermehrung die Reste einsammelten, „wurden *zwölf* Körbe voll" (Mk 6, 38–43). Die *Offenbarung des Johannes* (12,1) lässt eine Frau am Himmel erscheinen, die auf dem Mond steht und mit der Sonne bekleidet ist; auf ihrem Haupt trägt sie einen Kranz von *zwölf* Sternen. In den „Zwölfnächten" (den „Zwölften") zwischen Weihnachten und dem Dreikönigstag (6. Januar) ist es nicht geheuer, die „wilde Jagd" braust über das Land, und es empfiehlt sich, das schützende Logo *CMB* über Haustüren und Fenster zu schreiben, das für die heiligen drei Könige *C*aspar, *M*elchior und *B*althasar steht. Der berühmte Hezilo-Leuchter[89] im Hildesheimer Dom stellt das himmlische Jerusalem dar: Die Stadtmauer ist kreisrund mit 12 Toren und 12 Türmen; auf den Toren stehen die Namen der 12 Apostel, auf den Türmen die Namen von Propheten und Tugenden. Die Tore und Türme gliedern die Mauer in 24 = 2×12 Segmente; jedes Segment trägt 3 Zinnen, macht zusammen 72 (= 6×12) Zinnen. Die Vielfachen der Zwölf haben immer eine große theologische Rolle gespielt. In der zahlenmystisch unerschöpflichen *Offenbarung des Johannes* stehen um den himmlischen Zentralthron herum 24 Zusatzthrone, auf denen 24 Alte „mit goldenen Kränzen auf dem Haupt" sitzen; dazu kommen vier Lebewesen „voller Augen, vorn und hinten", und jedes der vier hat sechs Flügel, insgesamt flattern also 24 Flügel (Offb 4, 4–8). Das Mittelalter kannte ein mystisches *Buch der vierundzwanzig Philosophen*, in dem 24 Definitionen Gottes gegeben wurden. Nicht alle waren begreiflich.

In vielen Religionen gibt es Gruppen von zwölf Göttern, die älteste findet sich in einem Felsenrelief des 13. Jahrhunderts v. Chr. in Yazilikaya (Türkei). Newton meinte, alle alten Völker hätten zwölf Götter gehabt, und zwar seien es immer die gleichen Götter unter verschiedenen Namen gewesen.[90] Die bekanntesten „Zwölfgötter" sind die „großen" olympischen Götter. Herakles vollbringt im Dienste des Eurystheus die berühmten „zwölf Arbeiten“, darunter die Ausmistung des Augiasstalles. Homers *Ilias* und *Odyssee* haben beide je 24 (= 2×12) Gesänge, ihre „Fortsetzung“, Vergils *Aeneïs*, hat deren zwölf. Dem Gründer Roms, Romulus, erschienen zwölf Geier, und es wurde ihm zugesagt, seine Stadt würde zwölfhundert Jahre dauern. Nach der Lehre Buddhas dreht sich das Lebensrad zwölfmal: dreimal für jede der „vier edlen Wahrheiten“. Himmler, ein Adept archaischer Mystik, glaubte zu gleichen Teilen an Hitler, Haferstrohbäder und die Zahl Zwölf.

Die Tierkreiszwölf, diese astrotheologisch hochbedeutsame Zahl, wurde schließlich säkularisiert und hat sich dann lange nach Weihrauch und Opferblut in den nüchternsten, geschäftsmäßigsten Zusammenhängen auf der irdischen Erde umgetan. So hat sie etwa im Recht eine bedeutende Rolle gespielt. Die Bußen bei Alemannen, Bayern, Friesen, Sachsen und Burgundern lassen sich auf sie als Fundamentalzahl zurückführen. In der *Lex ripuaria*, dem Gesetzbuch der Uferfranken, gelten ein Hengst oder eine Brünne 12 „Solidi“ (der Solidus ist eine spätantike Münzeinheit), ein Helm die Hälfte (6 Solidi). eine Schwertscheide ein Drittel (4 Solidi), eine Kuh ein Viertel (3 Solidi), ein Schild mit Lanze ein Sechstel (2 Solidi).[91] (Bei diesen Festsetzungen haben offenbar die Teilbarkeitseigenschaften der Zwölf eine Rolle gespielt.) Die angloamerikanische Jury besteht aus 12 Geschworenen.

Die alte deutsche Längenmessung basierte auf einem reinen Zwölfersystem. Ausgehend von der „Linie“ (= 2,18 mm) sind 12 Linien = 1 Zoll, 12 Zoll = 1 Fuß, 12 Fuß = 1 Rute. In einem mittelalterlichen Poem wird das Alter von 15 Jahren vermöge der Grundzahl 12 durch „Winter zwölf und drei alt“ angegeben.[92] In Norddeutschland wurden Fische nach „Großhundert“ = 120 Stück = 10 „Zwölfter“ verkauft, im Weinbau gibt es noch heute das Fassmaß „Stück“ = zwölfhundert Liter. Eine Frau darf bei uns ihre Schwangerschaft in den ersten zwölf Wochen abbrechen. Die Zwölf ist hier biologisch nicht gut begründet; elf wäre besser. Doch wie sagt Seni: „Elf! Eine böse Zahl. Zwölf Stühle setzt, / Zwölf Zeichen hat der Tierkreis.“

7 Die Sieben – Zahl aus dem Himmel über Babylon

Die Sieben ist eine geheiligte und vollkommene Zahl, sie ist sozusagen die wahre Zahl.

Hieronymus (Kirchenvater, etwa 350–420)

Die Sieben als eine Zahl kosmischer Macht hat man in Babylon entdeckt. Das mag um 2000 v. Chr. geschehen sein, als die Babylonier in einer religiösen Revolution ihre Elementgötter durch Astralgötter ersetzten. Die Sternkunde war nun als Götterkunde Sache der Priester, der „Chaldäer". Für diese erfahrenen Astronomen aber war die Sieben deutlich sichtbar am Himmel angeschrieben. Was waren denn die schicksalsmächtigsten Sterne? Das waren die bizarr am Himmel umherirrenden Planeten. Man muss dieses wirre – und doch geregelte – Wandern einmal in einem Planetarium verfolgt haben, um einen Eindruck von dem „Leben" dieser „Landstreicher" zu erhalten (griech. *planetes* heißt auch „Landstreicher"). Und wie viele dieser Planeten gab es? *Sieben*, genau *sieben*: Merkur, Venus, Mars, Jupiter und Saturn; zu diesen Fünfen noch zwei weitere, die damals als „Planeten" galten: Sonne und Mond. Zur planetarischen Sieben, die sich dank der Gestaltungsmacht der Irrsterne als eine Sieben der Kraft und der Herrlichkeit erwies, kam nun noch als wichtiges – vielleicht als wichtigstes – Siebenerphänomen, dass der oberste unter den babylonischen Astralgöttern, der Mond, eine volle Periode seines Gestaltwandels in vier *sieben*tägigen Übergängen absolvierte:

Neumond → Halbmond → Vollmond → Halbmond → Neumond.

Und noch an weiteren Stellen trat die Sieben auf. Da gab es die Plejaden mit ihren *sieben* Sternen; sie regierten die Zeiten der Aussaat und Ernte. Ferner kannte man den Großen Bären mit seinen wiederum *sieben* Sternen (oder hatte er zwölf?), der für Reisen durch die Weiten der Wüste und des Meeres ein unentbehrlicher Kompass war. Wie keine andere Zahl war die Sieben eine Ordnungszahl des Himmels – eine Zahl, die vom Himmel kam, auf die der Himmel hindeutete und die von ihm Macht über die Erde erhielt. Die Babylonier kannten sieben Weltrichtungen und sieben Weltzonen; die gewaltigen Etagentürme, die Zikkurats, hatten sieben Abstufungen, die das Siebenhafte des Kosmos ausdrücken sollten, eines Kosmos, den die Babylonier denn auch geradewegs „Sieben" nannten. Die Sieben war ein „Weltgesetz", eine strukturierende Kraft. Das babylonische Schriftzeichen für die Sieben war ein Segenszeichen: es bedeutete „Fülle". Viele Jahrhunderte später fasst der weise Philon das alles so zusammen:

> Dank einer natürlichen Sympathie hängen die irdischen Dinge von den himmlischen ab. Und so stieg die gestaltende Kraft der Sieben zu uns Sterblichen herab, nachdem sie ihr Wirken im Himmel begonnen hatte.[93]

Die babylonische Göttin Mami hat sich *avant la lettre* nach Philons Worten gerichtet. Die Erschaffung der Menschen bereitete sie so vor: „Sie nahm vierzehn Hand voll Ton; / legte sieben Hand voll rechts hin, / legte sieben Hand voll links hin, / in die Mitte legte sie einen Ziegel."[94] Die ägyptische Göttin Neith war noch versierter: Sie hat gleich das ganze Universum mit gerade mal sieben Worten erschaffen.[95] Babylons Liebesgöttin Ischtar, eine erotische Gewitterwolke, jedem frommen Juden ein Greuel, hat sich ganz auf die Sieben kapriziert: Sie hat sieben Namen und möchte lüstern-lüstern den „siebenstarken" Gilgamesch zu ihrem siebten Liebhaber machen.

Die Babylonier benannten Tage nach den sieben Planeten und kamen so zur Siebentagewoche. Sie wurde von Israel übernommen und gelangte dann zu uns. Da nun der Mensch mit seiner Lust an Parallelismen einen markanten Zyklus gern aus dem einen Bereich in einen anderen überträgt, regte ihn der Zyklus von sieben *Tagen* dazu an, einen Zyklus von sieben *Jahren* zu imaginieren.[96] Schon die Babylonier scheinen das Menschenleben in *Siebenjahresgruppen* gegliedert zu haben. Voll ausgearbeitet tritt uns dieser Gedanke in einem Gedicht Solons von Athen (etwa 640–560 v. Chr.) entgegen.[97] In seinem Lebensalterpoem lässt er den Menschen in Siebenjahresschritten reifen und aufsteigen, bis hin zum Alter von 56 (= 8×7) Jahren. In den nächsten sieben Jahren mag dem Menschen das eine und andere noch glücken, aber es kneift und zwickt ihn doch überall. Und nun, meint Solon, kann ein wackerer Mann zufrieden sein, wenn er zwischen 63 (= 9×7) und 70 (= 10×7) Jahren noch kräftig genug ist, eines anständigen Todes zu sterben. Solon selbst ist ohne zu klagen 80 Jahre alt geworden.

Solons Gedicht findet sich – freilich amputiert – in unserem BGB wieder: Mit Ablauf der ersten sieben Lebensjahre, heißt es dort, wird der Mensch „beschränkt geschäftsfähig“, nach Ablauf der nächsten sieben Jahre „religionsmündig“, und nach Ablauf der dritten Siebenjahresgruppe wurde er in der guten alten Zeit „mündig“; jetzt wird er es schon mit 18 Jahren, weil in unseren Tagen alles besser geworden ist.

Die „Hundertjährigen Kalender“ schüren den Glauben, das Wetter wiederhole sich alle sieben Jahre. Der Präsident der Französischen Republik hatte bis 2002 eine *sieben*jährige Amtszeit, *le septennat.* Fontanes Gedicht *Archibald Douglas* beginnt mit der Klage: „Ich hab’ es getragen *sieben* Jahr, / Und ich kann es nicht tragen mehr …“

Die Chemie zwischen Babylon und Israel stimmte nicht. Der gotteslästerlich in Gottes Himmel ragende Turm zu Babel, gekrönt von dem Tempel Marduks, war das schlimmste Symbol dieser schlimmen Chemie. Dass Jahwe solchen Anstößigkeiten nur mit Unmut zusah und schließlich heftig darauf reagierte, lässt sich verstehen. Und doch: die Prachtzahl der herrlich-verruchten Metropole, die *Sieben*, drang tief in das israelitische Denken ein. Die Juden kannten sieben Erzengel, sieben Säulen der Weisheit und den siebenarmigen Leuchter (das Gegenstück zum babylonischen „Lebensbaum" mit sieben Ästen). Ein grandioser Höhepunkt in der Karriere der Sieben war die Sintflut: Sieben Tage lang bereitete der Herr bedächtig die Kolossalbewässerung vor; Noah nahm von allen reinen Tieren und von den Vögeln je sieben Paare mit in die Arche; seine Taube machte Aufklärungsflüge und Pausen von je sieben Tagen. Die Arche setzte am 17. Tag (17 = „zweite Sieben") des siebten Monats nach Beginn der Sintflut im Gebirge Ararat auf.[98]

Jakob diente sieben Jahre um Rahel und sieben Jahre um Lea (Gen 29,15–30). Vom Standpunkt israelitischen Zahlenglaubens aus muss man es tadeln, dass Thomas Mann in Jakobs Hochzeitsnacht mit Lea die Neun als eine unbiblische Novität einschmuggelt: „Und war dem Jakob das Labanskind [Lea] eine herrliche Gesellin diese ganze wehende Nacht hindurch, groß in der Wollust und rüstig zu zeugen, und empfing ihn öfters und abermals, so dass sie's nicht zählten, die Hirten aber antworteten einander, es sei *neunmal* gewesen."[99] Wenn es in dieser wehenden Nacht mit rechten zahlenmystischen Dingen zugegangen ist, war es nicht *neunmal*, sondern *siebenmal* (auch das eine passable Leistung)! Joseph deutete mit dem glücklichsten Erfolg den Traum von den sieben fetten und den sieben mageren Kühen und war seit diesem Bravourstück ein gemachter Mann am Hofe des Pharao (Gen 41). Der Tempel des Königs Salomo wurde in sieben Jahren erbaut, und Salomo hatte siebenhundert Hauptfrauen;[100] man wird vermuten, dass er in dem Gewirr von Brüsten und Locken nicht selten den Überblick verloren hat. Der jüdische

Ritus ist ohne die Sieben kaum zu denken: „Sieben Tage sollst du den Altar entsühnen"; der gesalbte Priester soll „seine Finger in das Blut tauchen und es vor dem Herrn siebenmal gegen den Vorhang des Heiligtums spritzen"; auch auf den Altar soll siebenmal Blut gespritzt werden.[101] Nichts weniger als eine Apotheose der Sieben aber ist (wie in Babylon) das Sündopfer: Zu ihm soll man sieben Stiere, sieben Widder, sieben Lämmer und sieben Ziegenböcke herbeiführen; Bileam verlangt für seine heiligen Verrichtungen sieben Altäre, sieben junge Stiere und sieben Widder.[102] Der Psalmist (119,164) feuert dazu an, siebenmal am Tag Jahwes Lob zu singen, „wegen [seiner] gerechten Entscheide". (Ob Ähnliches jemals dem Bundesverfassungsgericht widerfahren wird?) Die Israeliten wussten, dass dem Herrn sieben Dinge ein Greuel sind: stolze Augen, eine falsche Zunge, Mörderhände, ein Unheil brütendes Intrigantenherz, Füße, die schnell dem Bösen nachlaufen, ein falscher Zeuge und eine streitsüchtige Person (Spr 6,17–19). Simsons Stärke lag in seinen sieben Locken (Ri 16,19), und Delila – nein, kein Wort über diese entsetzlich geglückte Kreuzung zwischen Lady Macbeth und Marilyn Monroe! In jedem siebten Jahr soll der Acker brach liegen, gleichermaßen auch verliehenes Geld (Dtn 15,1–3). Das sind keine irrelevanten Geschichten aus fernen Zeiten: Am 24. August 2000 hat das Oberrabbinat in Jerusalem die Wiedereinführung des Sabbatjahres für Äcker jüdischer Bauern beschlossen. Wenn ein Landwirt sich nicht daran hält, wird ihm die „Koscherurkunde" entzogen, so dass er die orthodoxen Juden als Kundschaft verliert. Zurück zur Heiligen Schrift! Der Herr gebietet, dass jeder, der Kain erschlägt, siebenfacher Rache verfallen soll (Gen 4,15 – Die Sache ist allerdings unklar: Soll man Kains Mörder etwa *sieben*mal köpfen?) In diesem Geist hat ein israelischer Minister nach dem Bombenanschlag vom 20.11.2000 auf einen Schulbus gedroht, Israel werde auf solche Attentate „mit siebenfacher Gewalt" antworten. Der Prophet Hosea versorgte seine Frau liebevoll mit sieben wertvollen Gütern: mit Korn, Wein, Öl, Silber, Gold, Wolle und Leinen. Es hat aber alles nichts genützt: „Sie rennt ihren Liebhabern nach", und der Prophet tut das, was alle gehörnten Männer tun: Er sinnt auf Rache (Hos 2,9–15). Eine unappetitliche Rolle spielt die Sieben bei der totalen Vernichtung Jerichos durch die Soldateska Josuas. Jahwe gibt in dieser blutigen Piece den Oberkommandierenden und ordnet an, dass die Israeliten sechs Tage lang einmal pro Tag um Jericho herumziehen sollen. Vor der Bundeslade sollen *sieben* Priester mit *sieben* Widderhörnern hergehen und tüchtig blasen. Am *siebten* Tag aber sollen die Israeliten nicht *ein*mal, sondern *sieben*mal die Stadt umrunden, und die sieben Priester sollen wiederum die sieben Widderhörner blasen, so laut es irgend geht, und die Soldaten sollen ein tosendes Kriegsgeschrei erheben. Die Mauern, verspricht der Herr, werden unter diesen akustischen Belastungen zusammenbrechen. Das tun sie auch – und nun beginnt ein Holocaust von ausgesuchter Scheußlichkeit: „Mit scharfem Schwert weihten sie [die Israeliten] alles, was in der Stadt war, dem Untergang, Männer und Frauen, Kinder und Greise, Rinder, Schafe und Esel."[103] Josua deklariert die Metzelei geschwind als eine Operation „zu Ehren des Herrn".[104] So etwas hilft dem Gewissen rasch wieder auf die Beine.

Auch im Neuen Testament hat man es ständig mit der Sieben zu tun. Da gibt es die sieben Bitten des Vaterunsers, die sieben Weherufe über die Schriftgelehrten und Pharisäer, die sieben Brote bei der Speisung der Viertausend, die sieben bösen Geister, die aus Maria Magdalena ausfahren, die sieben Vergebungen, die sieben Brüder in jener Fangfrage der Sadduzäer, die Jesu Lehre von der Auferstehung des Fleisches *ad absurdum* führen soll.[105] Petrus preist sieben Dinge: Tugend, Erkenntnis, Selbstbeherrschung, Ausdauer, Frömmigkeit,

Brüderlichkeit und Liebe (2 Petr 1,5–7). Die Urchristen setzten bei ihrer ersten Sozialkrise sieben Diakone ein (Apg 6,1–7). Die *Offenbarung des Johannes* greift wie magnetisch angezogen zur Sieben: Der Verfasser schreibt an sieben Gemeinden. Er berichtet, dass er sieben goldene Leuchter sah und dass inmitten dieser sieben Leuchter Christus mit sieben Sternen in seiner Rechten stand. Vor dem Thron Gottes loderten sieben Fackeln, und Gott hielt ein Buch mit sieben Siegeln in seiner Hand. Ein satanisches Tier mit sieben Köpfen stieg aus dem Meer. Sieben Engel schicken sieben Übel.[106]

Auf Jesus ruhte ein „siebenförmiger Geist“: der Geist der Weisheit, der Einsicht und des Rates, der Geist der Kraft, des Wissens und der Wahrheit, dazu der Geist der Gottesfurcht.[107] Die katholische Kirche kennt sieben Todsünden[108], sieben Primärtugenden[109], sieben Sakramente[110], sieben Werke der leiblichen und sieben Werke der geistigen Barmherzigkeit[111] und dazu noch eine siebenteilige Messe[112]. (Eine deutsche Speiseeisfirma hat im Jahre 2003 die Geschmacklosigkeit besessen, sieben neue Sorten Eis nach den sieben Todsünden zu benennen.) Augustinus meinte, in der Bibel werde mit der Sieben „oft auf den Heiligen Geist hingewiesen“[113].

Die Gnostiker, jene Traumtänzer, die sich in den ersten nachchristlichen Jahrhunderten tief in die Mysterien des neuen Glaubens hineingrübelten, konnten sich gerade mit der Sieben nicht genug tun. Dem Schöpfer gaben sie, da er „sieben Himmel bereitet“ habe, den Ehrennamen „Siebenheit“ (*hebdomados*).[114] Das musste die Sieben endgültig mit einer Gottesaura umgeben.

Übrigens hatten schon die Griechen ihren Spitzengott Apollon „Führer der Sieben“ (*hebdomagetas*) genannt. Als nämlich Leto den Apollon auf Delos gebären sollte, umkreisten sieben singende Schwäne die Insel; später spannte der junge Gott auf seiner Leier „so viele Saiten, als Lieder die Schwäne bei seiner Geburt ihm gesungen“[115]. So entstand die *sieben*saitige Lyra, und Apollon trug nun den Ehrennamen „Führer der Sieben“. Überhaupt hielten es die Griechen mit der Sieben: Sie kannten sieben Geburtsorte Homers, sieben Titanen (in der orphischen Tradition), die „Sieben gegen Theben“, die „Sieben Weisen“ und sieben Weltwunder.

Auch der Islam hält sich an die Sieben. Er kennt sieben Himmel; der Mekkapilger umschreitet siebenmal die Kaaba; der heilige Tanz der Derwische hat sieben Teile. Mohammed hat bei seiner Himmelfahrt den Koran siebzigmal aufgesagt. (Das muss eine lange Reise gewesen sein.) Siebzigmal hat er Allah um Vergebung der Sünden angefleht. Den glaubensfesten Muslim empfangen im Paradies siebzig blühende Gespielinnen, alle mit Jungfernschaftszertifikaten.

Neben den sieben Planeten gab es sieben Metalle (Gold, Silber, Zinn, Kupfer, Eisen, Blei, Quecksilber), und die Alten glaubten, einen tiefen Blick in die Natur zu tun, wenn sie Planeten und Metalle phantasmagorisch verbunden sahen:

Sonne	↔	Gold
Mond	↔	Silber
Merkur	↔	Quecksilber
Venus	↔	Kupfer
Mars	↔	Eisen
Jupiter	↔	Zinn
Saturn	↔	Blei

Die hochentwickelte Alchimie der Araber kannte neben den sieben Metallen auch noch sieben Steine, sieben flüchtige Körper, sieben natürliche und sieben künstliche Salze, sieben Alaun-Arten und sieben chemische Grundoperationen.[116] Alchimisten, die auf Professionalität pochten, pflegten ihre Destillationen siebenmal durchzuführen (vgl. Ps 12,7); Hexen stellten, als sie noch etwas galten, die begehrte Salbe *Unguentum Pharelis* aus sieben Kräutern her.[117] In der Natur gibt es sieben Bewegungen: nach oben, nach unten, nach rechts, nach links, vorwärts, rückwärts und im Kreis. Jeder Naturkörper hat sieben Bestimmungsstücke: drei Dimensionen (Länge, Breite, Tiefe) und vier Begrenzungen (Punkt, Linie, Oberfläche, Räumlichkeit). Bis heute unübertroffen sind die halluzinatorischen Luftsprünge in der Schrift *Über die Siebenzahl* (um 400 v. Chr.).[118] Die Sieben ist dem rasend-rasanten Verfasser, was anderen ein Glaubensbekenntnis ist:

Die Form der gesamten Welt und aller einzelnen Teile derselben ist folgendermaßen geordnet: Alles muss in Gestalt und Bestimmungen die Siebenzahl zum Ausdruck bringen … Diese Zahl beherrscht die Krankheiten und alles, was im Körper von Zerstörung betroffen wird. So besitzen auch alle übrigen Dinge Natur, Gestalt und Vollendung, geordnet nach der Siebenzahl. Weil nun diese Zahl die Welt als Ganzes beherrscht, so hat auch jeder einzelne Teil eine Gestalt und Anordnung, welche den Einfluss der Siebenzahl zeigen.[119]

Die Sieben bestimmt in diesem wüsten Text die sieben Sphären des Alls, die sieben Winde, die sieben Jahreszeiten, die sieben Lebensalter, die Siebenheit der menschlichen Organe, die Siebenheit der Seelenkräfte und die sieben Funktionen des Kopfes. „Auch die ganze Erde zerfällt in sieben Teile: Den Peloponnes hat sie als Kopf und Gesicht; den Isthmos als Rückenmark; Ionien als Zwerchfell; den Hellespont als Schenkel; den thrakischen und kimmerischen Bosporus als Füße; Ägypten und das ägyptische Meer als [oberen] Bauch; Pontos Euxeinos und Maiotis [Schwarzes und Asowsches Meer] als unteren Bauch und Mastdarm."[120] So etwas fällt einem nicht in den Schoß, so etwas will in schlaflosen Nächten hart erarbeitet sein. Ungebremst hätte dieser fiebernde Sieben-Adorant die Feststellung heutiger Psychologen bejubelt, es gebe *sieben* Emotionen: Freude, Trauer, Überraschung, Furcht, Wut, Ekel, Verachtung. Und „auf Wolke sieben" hätte es ihn befördert, dass das SI (= *Système International d'Unités*) alle physikalischen Maßeinheiten aus *sieben* Grundeinheiten ableitet (Meter, Kilogramm, Sekunde, Ampere, Kelvin, Mol, Candela), die Welt also eine säuberliche *Siebener*-Struktur besitzt.

In der alten Medizin hat die Sieben eine herausragende Rolle gespielt. In Babylon rieten die Ärzte, sieben Körner der Schi-Si-Pflanze zu zerreiben, am siebten Tage der Krankheit gewisse Speisen zu meiden, bei Beschwörungen pathogener Dämonen – z. B. der Labartu, die sieben Namen hatte – sieben Knoten zu knüpfen und Beschwörungen siebenmal aufzusagen. Für Reinigungen waren sieben Tage vorgeschrieben; den Skorpionstich sollte man mit einer ausgefeilten Siebener-Systematik entgiften: Man sollte „sieben reine Körner des Bergkrauts in seinen Mund legen, den Inhalt des Mundes auflösen, an den Fluss gehen, siebenmal untertauchen, bevor er das siebte Mal untertaucht, soll er den Inhalt seines Mundes in den Fluss werfen"[121].

Die babylonische Medizin hielt Krankheit für der Sünde Sold und griff deshalb ganz konsequent zu Bußtherapien. Um ein Haus zu entsühnen, war freilich eine aufwendige Heilsapparatur erforderlich, die sich nur der Wohlhabende leisten konnte: sieben Fackeln, sieben lebende Schafe, sieben junge Dattelpalmen, sieben starke Kupfer, sieben Felle von großen Stieren.[122] Der folgende Psalm ist ein Muster selbstanklägerischen Sündenbewusstseins:

Mein Gott, meiner Sünden sind siebenmal sieben, vergib meine Sünden!
Meine Göttin, meiner Sünden sind siebenmal sieben, vergib meine Sünden!
Bekannter, unbekannter Gott, meiner Sünden sind siebenmal sieben, vergib meine Sünden!

Bekannte, unbekannte Göttin, meiner Sünden sind siebenmal sieben, vergib meine Süden![123]

Das Alte Testament glaubt nicht weniger als der babylonische Medizinalpriester an die therapeutische Kraft der Sieben. Es schreibt z. B. vor, den Hautkranken sieben Tage lang abzusondern und den Aussätzigen siebenmal mit Wasser zu besprengen; der lepröse General Naaman soll siebenmal im Jordan untertauchen. (Die Kur schlägt an!)[124] Die Hellenen wussten, dass bei einer Krankheit die „Krise" am siebten Tag eintritt. Ihre Anatomie und Gynäkologie orientierte sich an der Sieben: Unser Körper hat (bei gewaltsamer Zählung) sieben Teile: Kopf, Brust, Bauch, zwei Hände, zwei Füße. Unsere Eingeweide bestehen (bei gewaltsamer Zählung) aus sieben Organen: Magen, Herz, Lunge, Milz, Leber, zwei Nieren. Unser Kopf hat sieben Öffnungen: zwei Augen, zwei Ohren, zwei Nasenlöcher und einen Mund. Wir sondern sieben „Exkremente" ab: Tränen, Schleim, Speichel, Samen, Schweiß, Kot und Urin. Die Menstruation dauert sieben Tage und tritt alle $4 \times 7 = 28$ Tage ein, die Schwangerschaft dauert $40 \times 7 = 280$ Tage. Ein Gelehrter wie Proklos (410–485), Leiter der Platonischen Akademie, „beweist" durch ein musik- und zahlentheoretisches Räsonnement, dass ein *Sieben*monatskind am Leben bleibt, ein *Acht*monatskind jedoch nicht.[125] Der absolute Höhepunkt im Leben der Sieben aber ist ein talmudisches Rezept gegen Malaria, dem der Glaube an die Sieben aus allen Poren quillt:

Nimm sieben rauhe Rindenstückchen von der Palme, sieben Splitter von sieben Holzbalken, sieben Nägel von sieben Brücken, sieben Aschen von sieben Öfen, sieben Löffel voll Erde von sieben Schwellen, sieben Stück Pech von sieben Schiffen, sieben Hand voll Kümmel und sieben Haare vom Barte eines alten Hundes und binde dies mit weißem Zwirn an den Halsausschnitt des Hemdes.[126]

„Die Natur findet ihr Entzücken in der Sieben", schreibt Philon von Alexandria; die ganze Welt sei voller Leidenschaft für diese Zahl; er, Philon, bezweifle denn auch, ob irgendjemand die Eigenschaften der Sieben angemessen preisen könne, „denn sie übersteigen alle Worte". In seiner Siebenseligkeit wird diesem frommen Juden die Heiligung des siebten Tages unter der Hand zu einer Heiligung der *Sieben*, und Mose wird ihm zu einem Manne, der neben dem einen Hauptgott Jahwe auch noch die Sieben als Zusatzgott in Reserve hat.[127]

Die Sieben ist „ungezeugt" (sie ist eine Primzahl), und ist in der Dekade {1, 2 … 10} „nicht zeugend" (ihre Vielfachen 14, 21 … gehören nicht zu dieser Dekade). Die Griechen waren also versucht, sie mit der Göttin Athene zu vergleichen, die ungezeugt aus Zeus' Haupt entsprungen ist und keine Kinder hervorbringt. Philon aber ging in gotteslästerlicher Weise noch weiter und sah in der Sieben, was er als Jude nie in ihr hätte sehen dürfen: ein Bild des bildlosen Gottes.[128] Aristoteles (384–322 v. Chr.), ein „Vater des Abendlands", wenn es je einen gab, war hier viel „moderner" als der spätere Philon, insbesondere hielt er nichts von der „Kraft" der Sieben:

Aber warum sollen die Zahlen Ursachen sein? Sieben Vokale gibt es, sieben Saiten bilden die Harmonien, sieben Plejaden gibt es, mit sieben Jahren verlieren die meisten Tiere (jedoch nicht alle) ihre Zähne, und sieben Helden zogen gegen Theben. Ist nun etwa die Tatsache, dass die Zahl Sieben so ist, wie sie ist, die Ursache dafür, dass es jene sieben Helden gab oder die Plejaden aus sieben Sternen bestehen? Oder kommt nicht jene Zahl ganz einfach daher, dass Theben sieben Tore hat, oder auch infolge einer anderen Ursache? Die Plejaden sind der Zahl nach sieben, weil wir sie halt so zählen – gerade so, wie wir beim Großen Bären zwölf Sterne zählen. Andere aber zählen in beiden Sternbildern mehr [oder auch weniger] Sterne.[129]

Die planetarische Sieben Babylons hat sich bis heute gehalten, besonders zäh in Dichtung und Folklore, in Recht und Politik. Hier wird sie oft aus keinem anderen Grund gewählt, als weil sie seit den Tagen der Chaldäer eine Anziehungskraft besitzt wie der Magnetberg in der Sage von Herzog Ernst. Unsere Märchen erzählen von den sieben Raben, den sieben Schwaben, den sieben Zwergen hinter den sieben Bergen, vom Wolf und den sieben Geißlein. Der fliegende Holländer darf alle sieben Jahre an Land gehen, um sich auf die Suche nach einem erlösungstüchtigen Weib zu machen.

Nun zwei spektakuläre „Siebener-Fälle" der Justiz! 1952 hat der Hohe Kommissar für Deutschland, John McCloy, in einem großen Aufwasch fast alle in Landsberg einsitzenden deutschen Kriegsverbrecher begnadigt; sieben aber – genau *sieben* – hat er hinrichten lassen, so sehr seine Berater ihn auch zum Verzicht aufs Hängen gedrängt hatten. 2002 verurteilte das Hamburger Landgericht einen dreiundneunzigjährigen Mann zu sieben – *sieben*! – Jahren Freiheitsstrafe. (Hat hier auch die Hundert „anziehend" gewirkt: 93+7 = 100?)

In der Politik tritt heutzutage die Sieben als Konkurrentin der Zehn auf den Plan. Früher brachte man unter dem Druck der „*Zehn* Gebote" seine Botschaften gewöhnlich in zehn Punkten vor. Einen Tag nach der berüchtigten Goebbels'schen Sportpalastrede vom 18. Februar 1943 („Wollt ihr den totalen Krieg?") notierte Iring Fetscher: „Glänzende Volksrede ... Zehn Fragen an das deutsche Volk in biblischer Feierlichkeit, dies mutet alles wie ein ganz großes, gewaltiges Schauspiel an ..."[130] Heute greift man in Art einer subkutanen Entchristlichung lieber zu „*Sieben* Thesen", „*Sieben* Punkten" usw. Geschockt von dem PISA-Report entwarfen die Kultusminister 2001 eine Sieben-Punkte-Remedur, die aber keine war. Geschockt von Wahlergebnissen gründeten die Grünen 2002 ein „Siebener-Team" mit einem Sieben-Artikel-Programm. Am 9.4.2002 legte Außenminister Fischer ein Sieben-Punkte-

Papier vor, das dem Frieden im Nahen Osten Beine machen sollte (was es aber nicht tat). Die FDP brachte 2002 ein Sieben-Punkte-Programm gegen die Wirtschaftsmisere, die Union eines zur Einwanderung heraus. Die Initiatoren der SPD-Mitgliederbefragung 2003 erinnerten daran, sozialdemokratische Politik müsse sich an sieben Punkten orientieren (die sie angaben).

Am penetrantesten zeigt sich die geradezu dämonische „Anziehungskraft" der Sieben, wenn diese mächtige Zahl dort auftritt, wo sie nicht aufzutreten brauchte oder gar nicht auftreten dürfte. Die „christliche Seefahrt" findet bekanntlich auf den *seven seas* statt – aber auf *seven* kommt man nur, wenn man die Meere mit geschlossenen Augen zählt. In japanischen Fabriken warnen Plakate vor den „sieben Verschwendungen"; natürlich gibt es mehr, viel mehr. Zur Registrierung eines Vereins sind in Deutschland sieben Gründungsmitglieder erforderlich. Würden nicht fünf ausreichen, wären nicht fünfzehn besser? Wir nehmen die Sache schweigend hin. In Großbritannien war das in einem ähnlich gelagerten Falle anders. Dort wurde 1856 bestimmt, dass eine Gesellschaft mit beschränkter Haftung sieben Gründungsmitglieder haben müsse. Im zuständigen Ausschuss stieß sich der unvergessliche Abgeordnete Henley an der Sieben. Ironisch fragte er, „warum der Vorteil der beschränkten Haftung auf der mystischen Zahl sieben beruhe, warum nicht auf sechs oder sogar eins". Es wurde ihm bedeutet, „irgendwo" müsse man eben abgrenzen. Henley war nicht beeindruckt und begehrte weiter, freilich vergeblich, gegen die Sieben auf, die er beharrlich und zutreffend „mystisch" nannte.[131] Nach dem Zweiten Weltkrieg haben sich die sieben (nicht sechs, nicht acht!) größten Ölkonzerne der USA zu den *Seven Sisters* und die sieben (nicht sechs, nicht acht!) mächtigsten Wirtschaftsnationen des Westens zur „G 7" zusammengetan. Im Jahr 2000 wurden in Paris die wichtigsten offenen Probleme der Mathematik vorgestellt. Es waren sieben (man hätte auch fünf oder zehn angeben können – was heißt schon „wichtig"?) aber dann hätten sich die Mathematiker um den Charme der Sieben gebracht. 1963 entwarf *Reader's Digest* Porträts von sieben europäischen Nationen; Schweden, Polen, Portugiesen u.a. waren – offenbar der Sieben wegen – nicht dabei. Der *Focus* vom 7. Juni 2003 stellte „Die sieben Weltreligionen" vor; auf die Sieben kam er, indem er zu den sechs etablierten Weltreligionen Judentum, Christentum, Islam, Hinduismus, Buddhismus, Taoismus noch den Konfuzianismus hinzunahm, der nun aber keine „Religion" im strengen Sinne und wegen seiner kleinen Anhängerschaft erst recht keine „Welt"religion ist. Hitler fälschte seine Parteimitgliedsnummer 555 (eigentlich eine schöne Zahl) siebenlüstern um in 7.[132]

Oft tritt die Sieben im Halbdunkel des Sinistren auf. Die „*Sieben*" im akkadischen Erra-Epos sind höchst gefährliche Draufgänger („Helden ohnegleichen"), frühe Vorläufer unserer eigenen wild-westlichen *Glorious Seven.* Die Babylonier gaben dem schrecklichen Walfisch *sieben* Flossen und der tückischen Schlange *sieben* Köpfe; auch die Hydra der Griechen war *sieben*köpfig. Unser Hans Brosamer wollte nicht nachstehen und zeigte 1529 einen monströsen Holzschnitt-Luther mit *sieben* Köpfen („Martinus Luther Siebenkopff"). Eine englische Ausstellung (2003) über die gefährlich schillernde Königin Elisabeth I. hieß „die Frau mit sieben Gesichtern". Der *siebte* Tag ist nach antiker Meinung gefährlich für das Neugeborene, das *siebte* Jahr nach modernem Denken für die Ehe. Die Zahl des Tieres in der *Offenbarung* (13,18) ist 666, und 666 ist die Summe der Quadrate der ersten *sieben* Primzahlen – ein Höhepunkt der Zahlenmystik. Stürzte Fontanes Brücke am Tay nicht um die *siebte* Stunde ein? Besteht Picassos „Massaker in Korea" nicht aus *sieben* Tafeln? In der *Zeit* hieß es 2001 über den Kanzlerberater Steiner: „Sprengstoff mit sechs Buchstaben: Steiner". Eine genauere Zählung hätte den dämonischeren Satz ergeben: „Sprengstoff mit *sieben* Buchstaben: Steiner“, wobei es sich gut trifft, dass auch Steiners Vorname „Michael“ – wie „Dynamit“ und „Satanas“ – *sieben* Buchstaben hat. Um die Sieben ist nur zu oft der Geruch des Moders und das Flackern des Höllenfeuers.

Mit ausgesuchter Tücke geisterte die infernalische Version der Sieben durch das Fußball-WM-Finale Deutschland – Brasilien am 30.6.2002. Es war die *17.* Fußball-WM (17 = „zweite Sieben“); die deutsche Mannschaft stand zum *siebten* Mal im Finale; bei einer Umfrage hatten *77* % der Befragten einen deutschen Sieg vorhergesagt. Im deutschen Tor stand Kahn. Der Zahlenwert von KAHN ist 34, die Quersumme hiervon *7.* In der 67. Minute (67 = *„siebte Sieben“*, ich wiederhole: *„siebte Sieben“*) geschah es: Der *sieben*buchstabige Brasilianer Rivaldo schoss den Ball auf Kahn, der Ball entglitt – er *entglitt*! – den Händen des weltbesten Torwarts, und der *sieben*buchstabige Brasilianer Ronaldo spitzelte ihn an Kahn vorbei ins deutsche Tor. Es war Ronaldos *7.* Treffer in dieser WM; er leitete die deutsche Niederlage ein.

8 Die Vier – die „heilige tetraktys" des Pythagoras

Ich habe oft die mystischen Wege des Pythagoras und die geheime Magie der Zahlen bewundert.

Thomas Browne (Arzt und Schriftsteller, 17. Jahrhundert)

Nicht nur der gefeierte Sir Thomas Browne bewunderte Pythagoras. In unseren Tagen hat Bertrand Russell den Griechen unter die bedeutendsten Menschen gerechnet, die je gelebt haben. Der exzeptionelle Mann wurde um 570 v. Chr. auf der Insel Samos geboren. Sein Erzeuger war nach den einen der Goldschmied Mnesarchos, nach den anderen der Gott Apoll; für die Apoll-Version spricht, dass Pythagoras ein auffallend schöner Mann gewesen ist. Es heißt, ein unersättlicher Wissensdurst habe ihn bereits in jungen Jahren nach Ägypten und Babylon getrieben; dort sei er in Sternkunde, Geometrie, Arithmetik, Musik und den übrigen Wissenschaften „ans höchste Ziel gelangt"[133]. Die babylonischen *magoi* [= Sternkundige] wussten, dass der Himmel durch Zahlenkraft geordnet ist. Zu dieser arithmetisch-astronomischen Erkenntnis kam nun aber noch ihr Wissen um die magische Potenz der Zahl. Zahlen waren mehr als Zahlen – Zahlen waren numinose Kraftzentren. Diese arithmotheologischen Spekulationen der *magoi* müssen Pythagoras tief beeindruckt haben. Man erzählte, seine Anhänger hätten Zahlen und Figuren, um sie zu „verschönern", nach Göttern genannt: Das gleichseitige Dreieck habe bei ihnen *Athena tritogeneia* geheißen, die Eins *Apoll.*[134] Mehr noch: Die Pythagoreer, heißt es, hätten eine

„Zahlentheologie“ gekannt, die lehrte, „das Wesen der Götter sei durch die Zahl bestimmt“.

Im Orient gewann Pythagoras „die bewundernde Sympathie der Priester und Propheten“[135]; dabei ist viel Priesterliches, viel Prophetisches und viel Feierlich-Babylonisches an ihm haften geblieben. Kein Wunder, dass man immer ahnte, die Pythagoreer gingen auf Geheimes aus, das natürlichen Ursachen entrückt sei.

Nach zwanzig Jahren Intensiv-Orient gründete Pythagoras in Kroton (Kalabrien) eine Schule, die freilich weniger eine „Schule“ als vielmehr ein Heiligungsetablissement war. Alles in ihr war darauf angelegt, dass man die Seele reinige und Gott folge. Pythagoras' Jünger erklärten ihn denn auch mit überschießender Verehrung „für einen anderen Olympier, der den damals Lebenden in Menschengestalt erschienen sei, um dem todgeweihten Leben aufzuhelfen“[136]. Sie wussten, dass der Meister Wundertaten vollbracht hatte, die den Vergleich mit thaumaturgischen Spitzenleistungen nicht zu scheuen brauchten. Seuchen hatte er vertrieben und Erdbeben vorausgesagt; zur gleichen Stunde des gleichen Tages war er in Kroton *und* in Metapont erschienen (bei 140 km Entfernung kein kleines Kunststück!). Was aber doch das Mirakulöseste war: Einzig mit Musik hatte der Wundermann die Liebesbrunst eines sturzbetrunkenen Jünglings abgekühlt und ruhiggestellt. Das mag glauben, wer will.

Die orientalische Mixtur aus Sternenrechnung und Zahlenmystik wurde zu Dynamit, als Pythagoras sie mit einer eigenen Zutat versetzte: mit seiner Entdeckung arithmetischer Gesetze in der Musik – in jener Kunst also, die den Griechen mehr zu Herzen ging und mehr am Herzen lag als jede andere, in jener mächtigen Kunst, mit der Orpheus Tiere gezähmt, Berge bewegt und Stürme besänftigt hatte. In dieser heilig-potenten Kunst westen und wirkten – man mag es kaum glauben! – leibhaftige Zahlen! Pythagoras demonstrierte nämlich am Monochord, einem einsaitigen Experimentalinstrument, dass den Intervallen Oktave, Quinte und Quarte die wunderbar einfachen Verhältnisse 2:1, 3:2 und 4:3 der Saitenlängen entsprachen. Die Entdeckung muss überwältigend gewesen sein; noch auf dem Totenbett soll er seinem Anhang befohlen haben, stets das Monochord zu spielen. Die Zahlen regierten also so grundverschiedene Dinge wie Sterne und Töne. Durfte Pythagoras dann nicht behaupten, dass sie *alles* regieren? Durfte er dann nicht verkünden: „Alles ist Zahl!" Er tat es – und schuf damit ein nie gesehenes Weltbild: das Bild der Welt als *geronnene Mathematik*. Heute bestimmt diese Vision unser Leben. Der geniale Physiker Wolfgang Pauli wollte im Geiste des Pythagoras alle physikalisch beobachtbaren Eigenschaften aus *Zahlen* – nämlich aus den Quantenzahlen – deduzieren.[137]

Das Diktum des Pythagoras „Alles ist Zahl" ist eine Frucht der Zahlenmystik, und nie hat es diesem Dunstkreis ganz entrinnen können. Im pythagoreischen Denken drücken Zahlen fundamentale Weltverhältnisse aus und werden so zu mystischen Kräften. Die Zwei nannten die Pythagoreer „Zwist" und „Verwegenheit",[138] und diese Zahl des Zwiespalts war ihnen das Weltprinzip schlechthin: Das All entstand aus Gegensätzen. Der „Kleine Katechismus" der pythagoreischen Bruderschaft war denn auch ihre berühmte Tafel der Gegensatzpaare:[139]

Begrenzt (Endlich)	Unbegrenzt (Unendlich)
Ungerade	Gerade
Eins	Vieles
Rechts	Links
Männlich	Weiblich
Ruhend	Bewegt
Geradlinig	Krumm

Licht	Dunkel
Gut	Böse
Quadrat	(nichtquadratisches) Rechteck

Nach der Zwei war den Pythagoreern auch die Drei eine weltkonstituierende Zahl, und zwar als Zahl des in sich geschlossenen Ganzen.[140] (Im nächsten Kapitel mehr davon.) Die mächtigste und heiligste Zahl aber war ihnen die Vier. Das war eine Revolution – eine Revolution gegen etablierte Zahlenhierarchien. Eine Erklärung für diesen Umsturz kann man in verschiedenen Richtungen suchen. Am wahrscheinlichsten ist die Vier zu ihrer exorbitanten Bedeutung gelangt, weil Pythagoras gezeigt hatte, dass die Proportionen für Oktave, Quinte und Quarte aus den vier Zahlen 1, 2, 3, 4 aufgebaut werden konnten. Eine andere Erklärung beruft sich darauf, dass die griechische Mythologie *vier* Primärwesen kannte: Chaos (die gähnende Leere), Gaia (die sichere Erde), Tartaros (ein unwirtliches Geviert tief in der Erde), Eros (den schönsten der Götter). Wenn man sich aber schon auf das mythologische Gleis begibt, wird man bedenken müssen, dass Pythagoras dank seiner zwanzig prägenden Orient-Jahre wahrscheinlich stärker von der ägyptischen und babylonischen Theologie beeinflusst war als von der griechischen. In Ägypten wird er gehört haben, dass aus der Sonne als erstes *vier* Götter hervorgingen, die gleichzeitig weltbauende „Elemente" waren: Luft, Licht, Erde, Himmel.[141] In Babylon konnte er erfahren, dass die Göttin des Salzwassermeeres, die urtümliche Tiâmat, *vier* Augen und *vier* Ohren hat und so den anderen Göttern doppelt überlegen ist.[142] Marduk, der Reichsgott Babylons, erhält bei seiner Geburt ein „doppelt göttliches Sein": „*Vier*fach war sein Blick, *vier*fach sein Gehör … *Vier*fach wuchs in ihm das Verständnis."[143] Der heilige Augustinus dachte natürlich nicht in diesen Vorstellungen einer heidnischen Göttermythologie, als er, der viele

Zahlen studierte, sich auch einmal die Vier vornahm. Ihm schien diese gepriesene Zahl dadurch ausgezeichnet zu sein, dass sie die erste „ganz gerade“ (*totus par*) Zahl ist.[144] Die Vier ist aber auch die *erste* Quadratzahl, also die „quadratischste“ aller Quadratzahlen, mehr noch: Sie ist das Quadrat der weltbauenden Zwei (siehe die Tafel der Gegensatzpaare). Man muss sich hier vor Augen halten, dass das Quadrieren immer eine Operation von tiefer Bedeutung gewesen ist. Gewisse babylonische Beschwörungen mussten *drei*mal pro Tag an *drei* aufeinander folgenden Tagen aufgesagt werden. Das uralte chinesische Orakelbuch *I Ging* kennt 8×8 Grundsituationen, repräsentiert durch 8×8 „Hexagramme“. Laotse, der vergöttlichte Lehrer des Taoismus, soll von seiner Mutter 9×9 Jahre ausgetragen worden sein. Die Türkvölker hatten die Sitte, Geschenke in 3×3facher Ausfertigung zu bringen. Quadratzahlen waren immer Zahlen von besonderer Würde. Mittels vier Rechensteinchen stellten die Pythagoreer die arithmetische „Quadratzahl“ Vier als ein geometrisches Quadrat dar. Das Quadrat gehört zu den schönsten Figuren; in der pythagoreischen Gegensatztafel wird es ausdrücklich aufgeführt, und zwar in der Spalte der „guten Dingen“. Jahwe verlangt, die „Lostasche“ – hergestellt aus edelsten Materialien: Gold, Purpur, Karmesin und Byssos – solle eine besonders noble Gestalt haben: „Sie soll quadratisch sein.“[145] Der russische Maler Kasimir Malewitsch (1878–1935) hat das Quadrat in seinem Bild „Schwarzes Quadrat“ gebührend verherrlicht (Marktwert im Jahre 2002: eine Million Dollar). In der Antike hielten viele die Welt nicht für eine runde Scheibe, sondern für ein Quadrat; noch der heilige Hieronymus (um 350–420) sprach von der „quadratischen Form der Welt“. Hegel verkündete (ohne verstanden zu werden und ohne sich selbst zu verstehen): „Das Quadrat ist das Gesetz der Natur.“[146]

War die Vier über das Quadratische hinaus nicht auch noch eine Fundamentalzahl der Natur? Gab es nicht *vier* Mondphasen, *vier* Himmelsrichtungen und *vier* Winde? Zeigte sich die Natur nicht als *Vierer*gruppe, bestehend aus Mineralien, Pflanzen, Tieren und Menschen? Diese Natur teilte die Tiere *vier*fach ein: in kriechende, fliegende, zweibeinige und vierbeinige. Es gab die *vier* Zustände heiß, kalt, feucht, trocken, die *vier* Lebensstufen Säugling, Kleinkind, reifer Mensch, Greis. Später werden die Griechen sich noch die *vier* Elemente, die *vier* Jahreszeiten und die *vier* Temperamente als Ordnungskategorien zulegen, ferner als Säulen der Moral die *vier* Kardinaltugenden Klugheit, Tapferkeit, Besonnenheit und Gerechtigkeit.

Zu diesen Viererphänomenen kam nun noch – und zwar als triumphaler Höhepunkt – die vierzahlige Monochord-Arithmetik des Pythagoras, jene Tatsache von unendlicher emotionaler Wucht: dass Oktave, Quinte und Quarte die Klang gewordenen Proportionen 2:1, 3:2 und 4:3 der *vier ersten Zahlen* 1, 2, 3, 4 sind. In überschäumender Begeisterung für die mächtige Vier und in zügelloser Verehrung für den großen Pythagoras machte seine Gefolgschaft den Ordensstifter kurzerhand zum Erfinder der „Vierheit", der *tetraktys* – also des Ensembles 1, 2, 3, 4 – und rief ihn, wenn es ernst und feierlich wurde und zu Eid und Schwur kam, mit dem Sakraltext an: „Nein, bei dem, der unserer Seele die *tetraktys* übergeben hat, welche Quelle und Wurzel der ewigen Natur enthält."[147] Die Pythagoreer wären wie berauscht gewesen von dem Theorem einer viel späteren Mathematik, dass jede Zahl die Summe von *vier* [!] *Quadrat*[!]zahlen ist. Für sie wäre dieses nüchterne mathematische Faktum der Gipfel mathematischer Mystik gewesen.

Die *tetraktys* stand mit vielen anderen Zahlen in enger Verbindung. So war sie etwa wegen der Gleichung 1+2+3+4

= 10 „Ausgangspunkt und Quelle der Vollkommenheit der Zehn“[148]. Die derart geadelte Zehn konnte sich noch weiterer Vorzüge rühmen. Sie war z. B. die *erste* Zahl, die ebenso viele Primzahlen wie zusammengesetzte Zahlen enthielt, und zwar in schönstem *tetraktys*-Geist gerade *vier* von jeder Sorte: die vier Primzahlen 2, 3, 5, 7 und die vier zusammengesetzten Zahlen 4, 6, 8, 10.[149] Kein Wunder, dass die Zehn in der pythagoreischen Zahlenhierarchie ganz oben stand und dass ihr nachgerühmt wurde, sie sei „vollkommen und umfasse die gesamte Natur der Zahlen“[150]. Feierlicher kann man von der Zehn nicht reden, als es der Pythagoreer Philolaos von Kroton (geb. um 470 v. Chr.) getan hat, als er sie „allvollendend und allwirkend“ nannte und in ihr den „Urgrund und Führer des göttlichen und himmlischen Lebens wie auch des menschlichen“ sah.[151]

Neben der Zehn genoss auch die Sechsunddreißig dank einer auffälligen Präsenz der *tetraktys* in ihr ein hohes Ansehen: 36 ist ja nicht nur ein Vielfaches der Vier, sondern auch und vor allem die Summe der ersten *vier* geraden und der ersten *vier* ungeraden Zahlen. So hoch stand die Sechsunddreißig ihrer *tetraktys*-Affinität wegen im Kurs, dass auch sie gelegentlich „heilige *tetraktys*“ genannt wurde.[152].

Die Vier war eine hegemoniale *Natur*kraft, sie war aber auch eine hegemoniale *Moral*kraft, denn die Pythagoreer kannten eine Gleichung, die uns Heutigen sehr fremd ist: „Gerechtigkeit = 4“. Vielleicht gilt sie, weil 4 = 2×2 ist, und jeder Faktor dieses Produkts dem anderen „antut“, was ihm selbst „angetan“ wird: die Verdoppelung. Genau das aber ist nach der *Goldenen Regel* die Struktur der Gerechtigkeit: „Wie ihr wollt, dass euch die Leute tun sollen, also tut ihnen auch“ (Lk 6,31). Die Briten benutzen das Wort *square* („quadratisch“), um anständiges Verhalten und anständige Menschen zu beschreiben: eine Transaktion, die keinen übervorteilt, ist *a square* *deal,* ein ehrbarer Mann ist *a square fellow.* Nietzsche rühmt Menschen, die „rechtwinklig gebaut sind an Leib und Seele“[153]. In diesem Geist hatte schon der griechische Lyriker Simonides (etwa 556–468 v. Chr.) gedichtet: „Schwer ist es, wahrhaft ein guter Mann zu werden, / An den Armen und den Beinen und an Verstand / Viereckig (*tetragonon*), ohne Tadel fertig hergestellt.“

Überhaupt fällt auf, dass der „Takt“ im Moralischen oft viergliedrig ist. Vielleicht hängt die „Affinität“ der Vier zu moralischen Materien mit dem fordernden, antreibenden „Rhythmus“ der Vier zusammen. Ideologen, Politiker und Werbetexter scheinen das zu ahnen: „Wann wir schreiten Seit' an Seit' …“; „Auf den Kanzler kommt es an“; „Katzen würden Whiskas kaufen!“: Schon Platon wusste, dass nichts so tief in die Seele eindringt wie der Rhythmus.[154] Und ist es nur von ungefähr, dass die Griechen *vier* Kardinaltugenden kannten, ein Edgar-Wallace-Film den Titel *Die* vier *Gerechten* trägt und Wolf Biermanns melancholischer Essay über das moralische Verhältnis der Deutschen zu Israel unter der *vier*fach repetierenden Überschrift steht: „SALZIG SALZIG SALZIG SALZIG“?[155] Ist es nur von ungefähr, dass Bundeskanzler Schröder, der Anführer im „Aufstand der Anständigen“, aus seinem Körper ein *vier*faches *victory*-V macht: erstes V: die hochgereckten Arme; zweites und drittes V: gespreizte Zeige- und Mittelfinger der rechten *und* der linken Hand, viertes V: gespreizte Beine – fertig ist der Vier-Vau-Victory-Mann.

Besonders beliebt ist die „moralische Vier“ im moralischen Amerika. Der *marine* (= Angehöriger des *Marine Corps*) lebt und stirbt für *vier* hierarchisch geordnete Entitäten: seine Kompanie, das *Corps,* Gott und Vaterland. Im 20. Jahrhundert entstand in den USA ein moralischer Club, der die Vier schon im Namen trug, der „4-H Club“; seine Mitglieder gelobten, die vier H's *Head, Heart, Hands, Health* nur für die alleredelsten Zwecke zu verwenden. Zu Beginn des

Jahres 1918 rührte Präsident Wilson landauf, landab die Trommel für seine *Vier Prinzipien* und *Vier Ziele.* Von diesen Herrlichkeiten sind nur die Sätze geblieben, der gegenwärtig betriebene Krieg sei *a war to end war* und *a war to make the world safe for democracy.* Die US-Regierung schürte die Kriegsbegeisterung mit Hilfe von „Vierminutenmännern", die in Kirchen und Kinos jeweils *vier* Minuten lang ihr Bestes gaben, um die Leute zum heiseren Schrei „*Hang the Kaiser*!" zu bringen. Am 6. Januar 1941 verkündete der amerikanische Präsident F. D. Roosevelt die „vier Freiheiten": Redefreiheit, Religionsfreiheit, Freiheit von Not und Freiheit von Furcht. Hier war unverkennbar die Vier am Werk, denn diesen Katalog kann man leicht verkürzen und leicht verlängern. Die Vier war auch in Churchills Unterhausrede vom 13. Mai 1940 aktiv, als der neue Premier den Briten zurief, er könne ihnen nichts anderes bieten als „Blut, Mühsal, Tränen und Schweiß". (Das Volk hat aus Churchills Tetrade sofort die griffige Triade „Blut, Schweiß und Tränen" gemacht.) In dem Grundsatzprogramm der Grünen von 1980 hat die Partei sich durch *vier* „Säulen" definiert: Sie sei, sagte sie mit einem tüchtigen Schuss Selbstverblendung, ökologisch, sozial, basisdemokratisch und gewaltfrei. Wieder war die Vier zu Gange, denn in dem Grundsatzprogramm von 2002 entsorgten die Grünen die Gewaltfreiheit: Gewalt lasse sich leider nicht immer vermeiden. Die Delegierten sahen plötzlich „neue Verhältnisse" (die freilich seit Menschengedenken die alten gewesen waren).

Buddha hat mit besserer Wirkung „vier edle Wahrheiten" verkündet. Die erste besagt, dass Leben Leiden ist. Die zweite lehrt, dass Leiden durch den „Durst" nach Leben und seinen Genüssen entsteht. Die dritte ermahnt uns, Leiden durch Vernichtung des „Durstes" aufzuheben. Die vierte beschreibt den Weg zur Aufhebung des Leidens: er ist ein 2×4-gliedriger Weg.[156]

In den meisten Kulturen der amerikanischen Indianer gilt die Vier als eine heilige und vollkommene Zahl; die Medizinmänner der Sioux gaben sogar die Anweisung, alle Tätigkeiten nur in Vierergruppen auszuüben.[157]

Das Alte Testament ist angefüllt mit Vierern. Der „Fundamental-Vierer“ ist der Gottesname „Jahwe“ selbst, der im Hebräischen mit *vier* Buchstaben geschrieben wird (in Umschrift: YHWH). Es ist am *vierten* Tag, dass Gott die Leuchten des Himmels erschafft: Sonne, Mond und Sterne. (Philon von Alexandria bringt hier ausdrücklich die Vorzüglichkeit der Vier ins Spiel![158]) Wo es am schönsten ist, im Paradies, fließen *vier* Ströme. Der Prophet Ezechiel (48,16) hat wohl an die Ästhetik des Quadrats gedacht, als er anordnete: „Der Stadt Maße sollen im Norden 4500 Ellen und im Süden 4500 Ellen betragen, ebenso 4500 Ellen im Osten und 4500 Ellen im Norden.“ Überhaupt scheint Ezechiel für die Vier eine Vorliebe gehabt zu haben: In der grandiosen Eingangsvision seines Buches sieht er nach vier Jahren der babylonischen Gefangenschaft vier menschenähnliche Lebewesen, von denen jedes vier Gesichter und vier Flügel hat. Auch Daniel zeigt in seiner Prophetie eine auffallende Neigung zur Vier. Jeder kennt seine Geschichte von den vier Männern im Feuerofen (Dan 3,13–92). Es sind vier Winde des Himmels, die das Meer aufwühlen, und aus den tosenden Wassern steigen vier gewaltige Tiere herauf: Eines von ihnen gleicht einem Panther, hat aber vier Köpfe und vier Flügel. Die vier Tiere bedeuten vier Könige, die sich als Tyrannen aufspielen werden (Dan 7,2–17). In einer anderen Vision sieht Daniel einen riesigen Ziegenbock. Dem Tier bricht das große Horn ab und an dieser Stelle wachsen ihm vier Hörner nach, „und zwar nach den vier Himmelsrichtungen“ (Dan 8,8).

Auch auf dem moralischen Feld tut sich die Vier eifrig um. In den Zehn Geboten droht der Herr, dass er die Schuld der

Väter bis in die *vierte* Generation verfolgen werde (Ex 20,5). Dem Jehu verheißt er: „Weil du mein Vorhaben genau vollstreckst ... sollen Nachkommen von dir bis in das *vierte* Geschlecht auf dem Thron Israels sitzen" (2 Kön 10,30). Die schlimmsten Strafen sind laut Ezechiel (14,21) *vier* an der Zahl: Schwert, Hunger, wilde Tiere, Pest. *Vier* Plagen droht Jahwe dem Volk Israel an (Jer 15,3). Jesus Sirach (26,5f.) fürchtet *vier* Dinge am meisten: Gerede in der Stadt, Auflauf der Massen, Verleumdung, eine eifersüchtige Frau.

Im Neuen Testament haben wir als Erstes das arithmetische Hauptfaktum, dass es genau *vier* Evangelien enthält, und der heilige Irenäus statuierte aufs Bestimmteste, dass dies nicht dem Zufall, sondern der Vorzüglichkeit der Vier geschuldet sei. Zachäus sagt dem Heiland (was dieser beifällig aufnimmt): „Wenn ich von jemandem zu viel [Geld] gefordert habe, gebe ich ihm das *Vier*fache zurück" (Lk 19,8). Die „sieben letzten Worte Jesu am Kreuz" sind in Wirklichkeit *vier*: *„Eli, Eli, lema sabachthani?"* So spricht Jesus sie tatsächlich aus, und erst die zugefügte griechische Übersetzung macht aus ihnen sieben; in der deutschen sind es neun (Mt 27,46). An Jesu Kreuz lässt Pilatus die vier Worte anbringen: *Iesus Nazarenus, Rex Iudaeorum* („Jesus der Nazarener, König der Juden" – Joh 19,19). Auf allen Kreuzigungsgemälden sind sie zu dem berühmtesten Tetragramm der Christenheit verdichtet, zu INRI. Schon dieses Tetragramm allein würde genügen. die Vier zu einer christlichen Sakralzahl zu machen. In der *Johannesoffenbarung* stehen *vier* Engel an den *vier* Ecken der Erde und halten die *vier* Winde; *vier* Tiere stehen um den Himmelsthron und preisen den Herrn.[159] Die *vier* apokalyptischen Reiter kennt jeder.

Natürlich entging es nicht der Aufmerksamkeit der frühen Christen, dass das Kreuz *vier* Arme hat und so ein Symbol der vier Himmelsrichtungen ist. Und da man das Marterholz leicht in ein Quadrat – also in die quadratisch gedachte Welt –

einpassen konnte, sahen die Kirchenväter in der Konfiguration „Kreuz-Quadrat" ein Symbol der weltumspannenden Macht Christi.

Auch die *vier* Buchstaben des (griechisch geschriebenen) Namens *Adam* waren dem Gläubigen kosmisch signifikant. Denn diese Buchstaben a, d, a, m waren die Anfangsbuchstaben der *vier* (griechischen) Himmelsrichtungen: a*natole* (Osten), d*usis* (Westen), a*rktos* (Norden), m*esembria* (Süden). So also passte der vierbuchstabige erste Mensch auf den viergeteilten Himmel.

Die „Vierheit" ist tief in die theologischen Spekulationen der gnostisch-christlichen Häretiker eingedrungen, insbesondere in die des Markos, der wie kein anderer die pythagoreische *tetraktys* mit dem viergliedrigen Jahwe-Tetragramm YHWH verrührt hat. Über diesen Arithmotheologen äußert sich der heilige Irenäus mit herzlichem Abscheu: Ein ausgekochter Magier sei dieser elende Markos gewesen, durch dunkle Künste habe er viele Frauen und nicht wenige Männer hereingelegt, gerade mit Frauen habe er es schlimm getrieben, und seine Jünger hätten es ihm in misslicher Munterkeit tüchtig nachgetan. Ohne zu übertreiben könne man sagen, dieser Desperado sei in Tat und Wahrheit ein Vorläufer des Antichrist gewesen.[160] Markos hat (wenn auf Irenäus Verlass ist) eine *Tetras* („Vierheit") erfunden, die des Anstaunens wert ist. Die Tetras, berichtet Markos selbst ohne Verlegenheit, sei aus unsichtbaren und unnennbaren Orten (sehr hoch gelegen, er kennt sich aus) in weiblicher Gestalt zu ihm herabgestiegen (die Welt könne das männliche Wesen nämlich nicht aushalten, sagt er wie eine Alice Schwarzer vor ihrer Zeit), und diese Tetras habe ihm alles offenbart, alles, selbst Sachen, die sie sogar vor den Göttern verberge – ihm aber habe sie nichts vorenthalten.[161] Auch der folgenden Offenbarung habe sie ihn gewürdigt: Der erste Buchstabe I (Jota) des Namens Ιησους (Jesus) stehe für den ganzen Namen, also für den Erlöser. I bedeute aber auch die Zahl 10. Und da nun die Zahlen 1, 2, 3, 4 der *tetraktys* zusammen 10 ergeben, sei die *tetraktys* der erlösende Jesus.[162] Wir sind damit auf kurzem Weg zu Pythagoras' tetraktyschem Sakrament zurückgekehrt.

Auch im Islam ist die Vier moralisch potent. Ein Muslim darf nach islamischem Recht nur mit vier Frauen eine (polygame) Ehe führen. Ist er mit einer Frau schon dreimal verheiratet gewesen, darf er sie nicht ein viertes Mal ehelichen. Ehebruch wird mit dem Tode bestraft, wenn er öffentlich eingestanden oder aber von vier glaubwürdigen Zeugen bestätigt wird.

Die Mystik der Vier gibt nun auch der Vierzig eine mystisches Aura. Die Sintflut dauerte vierzig Tage, vierzig Jahre irrten die Israeliten in der Wüste umher, vierzig Tage blieb Mose auf dem Sinai, um von Gott das Gesetz zu empfangen. Nach der Geburt eines Knaben soll die jüdische Mutter vierzig Tage zu Hause bleiben und sich reinigen. David und Salomo, die beiden Vorzeigekönige, regierten je vierzig Jahre lang. Jesus fastete vierzig Tage in der Wüste (dann sah der Versucher seine Zeit gekommen, irrte aber gröblich und musste sich unverrichteter Dinge wieder trollen). Nach der Auferstehung ist der Herr seinen Jüngern vierzig Tage hindurch erschienen. Jahwe selbst nimmt das profane Zahlwort „vierzig" in den Mund, indem er gebietet: „Vierzig Schläge darf [der Richter dem Schuldigen] geben lassen, mehr nicht."[163] Im Geiste des Herrn der Heerscharen hat Rabbi Ovadia Joseph, der ideologische Einpeitscher der ultraorthodoxen Schas-Partei, ein Mann des Schreckens und der Gelehrsamkeit, zum Weltnichtrauchertag 2001 vorgeschlagen, Raucher mit vierzig Stockschlägen zur Räson zu bringen (FAZ vom 31.5.2001).

Nach Meinung der antiken Ärzte, der gläubigen Juden und der Kirchenrechtssammlung *Decretum Gratiani* aus dem Jahre 1140 beginnt menschliches Leben erst vierzig Tage nach der Empfängnis. Hier war einzig der Zauber der Vierzig am Werk, denn *wissen* konnte das niemand (schon deshalb nicht, weil es falsch ist). Der eingängigen Vierzigtagelehre wegen setzte die *Constitutio Criminalis Carolina*, das erste allgemeine deutsche Strafgesetzbuch, im Jahre 1532 fest, dass ein ungeborenes Kind erst als „lebendig“ gilt, wenn seit der Befruchtung mehr als vierzig Tage vergangen sind. Sechzig Jahre später gebot Papst Gregor XIV. (1590–1591) ausdrücklich, diejenigen Frauen nicht mehr zu bestrafen, die frühzeitig genug – nämlich vor Ablauf der medizinalmystischen Vierzigtagefrist – abgetrieben hatten. Das ist erstaunlich und demonstriert wie nichts anderes die enorme Macht der Vierzig, denn die Abtreibung war im Frühchristentum streng verpönt. Die berühmte *Didache* statuiert lapidar: „Du sollst nicht abtreiben.“ [164]

In seiner Rede zum 8. Mai 1985 fragte der damalige Bundespräsident Richard von Weizsäcker, warum es *vierzig* Jahre nach Kriegsende „zu so lebhaften Auseinandersetzungen über die Vergangenheit gekommen ist, lebhafter als nach fünfundzwanzig oder dreißig Jahren“? Seine Antwort: „Vierzig Jahre spielen in der Zeitspanne von Menschenleben und Völkerschicksalen eine große Rolle.“ Diese These stützte er durch einige biblische Beispiele.[165] Viele Christen haben eine zahlenmystische Einfärbung; an keinem von ihnen gehen das *Buch Daniel* und die *Offenbarung des Johannes* spurlos vorüber. Anscheinend auch nicht an dem eher bibelfernen *Spiegel*: Am 29. Juli 2002 gedachte er in seiner Titelgeschichte *Die Schöne und der Tod* des vierzigsten – ausgerechnet des *vierzigsten*! – Todesjahres von Marilyn Monroe.

Johannes Kepler (1571–1630), der „wiedergeborene Pythagoras“ und Mitbegründer der modernen Physik, hat in die Einleitung zum 3. Buch seiner *Harmonices mundi* einen *Exkurs über die pythagoreische Vierheit* eingerückt. Die heutige Physik ist wieder auf die Vier gestoßen, als säßen ihr der erste und der zweite Pythagoras im Nacken. Einstein hat aus der dreidimensionalen Welt eine vierdimensionale gemacht. Die Materie hat zu ihren *drei* Aggregatzuständen (fest, flüssig, gasförmig) einen vierten bekommen: das Bose-Einstein-Kondensat. Pauli hat die überkommenen drei Quantenzahlen durch eine vierte, den „Spin", auf die volle Stärke gebracht; in diesem „schwierigen Übergang von 3 zu 4" sieht er den Umschlagpunkt von der alten „trinitaristischen" Physik zu der modernen „quarternären".[166] Er glaubt, dass dem quarternären Denken psychologisch eine *größere Vollständigkeit des Erlebens* als dem trinitaristischen entspricht[167] und ist sich „ziemlich sicher, dass mit diesen Zahlen [3 und 4] *objektiv* ein wichtiges psychologisches und vielleicht naturphilosophisches Problem verbunden ist".[168]

Von einer ganz anderen Seite her hören wir ähnliche Töne. In der FAZ vom 4. 1. 2003 heißt es: „Zwei Jahrhunderte europäischer Parteiengeschichte haben nur drei stabile politische Gruppierungen hervorgebracht: die konservative, die linke und die liberale. Es muss Gründe geben, dass es so lange dabei geblieben ist – jedenfalls ist es kein leichtes, aus der Trias ein Quartett zu machen. Dass ihnen ebendas gelungen sei, gehört zu den Grundüberzeugungen der Grünen."

Eine physikalisch herausragende Viererkonstellation ist das Ensemble der vier Fundamentalkräfte: elektromagnetische Kraft, Gravitationskraft, starke und schwache Kernkraft. Es könnte freilich dazu kommen, dass diese Viererherrlichkeit eines Tages ihr Ende findet, und zwar dadurch, dass die vier Fundamentalkräfte sich als Formen einer einzigen Urkraft erweisen.

Ein letztes Beispiel: Die berühmte Doppelhelix von Watson und Crick (1953) zeigt, dass biologische Informationen von vier chemischen Bausteinen getragen werden, die sich in Form von zwei Paaren zusammenschließen können. Pauli meinte dazu mit seinem zahlenmystischen Enthusiasmus: „Die alten Pythagoreer hätten, die Vierzahl verehrend, eine besondere Freude an der quarternären, auf zwei Gegensatzpaaren aufgebauten chemischen Struktur" der DNA.[169] (Der Leser erinnere sich an die pythagoreische Tafel der Gegensatzpaare!)

Die Macht der Vier zeigt sich aufs Klarste in dem Sog zu ihr. Auch die Vier hat, wie die Sieben, eine „Anziehungskraft". Aus dem einen Urstoff der frühen Griechen wurden langsam zwei, drei, schließlich *vier* Urstoffe: Feuer, Luft, Erde und Wasser. Diese vier „Wurzeln" hat sich Empedokles von Agrigent (etwa 483–423 v. Chr.) ausgedacht. Der Mann hatte einst der Schule des Pythagoras angehört. Man wird nicht zweifeln, dass die pythagoreische *tetraktys*, die „Quelle und Wurzel der ewigen Natur enthält", ihn auf die Vierzahl der Elemente geführt hat.

Bei Empedokles' vier Elementen blieb es bis in die Chemie des 18. Jahrhunderts hinein. Noch 1766 heißt es in dem renommierten *Dictionnaire de chymie*, die Körper, denen man Unzerlegbarkeit zuerkenne und deshalb „Elemente" nenne, seien das Feuer, die Luft, das Wasser und „die allerreinste Erde": ein grandioser Triumph zahlenmystischen Denkens!

Die Astrologen verknüpfen, wie es ihnen zukommt, Himmel und Erde und gliedern die zwölf Zeichen des Tierkreises mittels der vier Elemente folgendermaßen in vier Dreiergruppen:

1. feurige Zeichen:	Widder, Löwe, Schütze
2. luftige Zeichen:	Zwillinge, Waage, Wassermann
3. wässrige Zeichen:	Krebs, Skorpion, Fische
4. erdhafte Zeichen:	Stier, Jungfrau, Steinbock

Noch heute reden wir so flüssig von den „vier Elementen", dass uns ein Filmtitel wie *Das fünfte Element* (2001) aufschreckt (was er auch soll) und vor-erregt ins Kino treibt. Seiner Schockwirkung wegen ist „fünftes Element" schon immer ein geschätztes Wort gewesen. Im Jahre 2000 gab es in Düsseldorf eine Ausstellung *Das fünfte Element* über die Beziehungen zwischen Geld und Kunst. Unter demselben Titel hatte sich eine englische Enzyklopädie schon 1605 ihre Gedanken über die Rolle des Mammons in der Gesellschaft gemacht.

Und dabei hat es ein naturwissenschaftliches „fünftes Element" durchaus einmal gegeben. Aristoteles hat es erfunden und „Äther" genannt, um einen Baustoff mit unirdischen Eigenschaften für den Himmel zu haben. Aber dieser *quinta essentia* war nur eine kurze und kuriose Karriere beschieden: Sie reihte sich nicht als „fünftes Element" gleichberechtigt den vier anderen an, sondern wurde etwas ganz anderes, nämlich die „Quintessenz", die mit *quinta essentia* nichts mehr zu tun hatte. Die Vier ließ kein fünftes Element mehr zu.

Den Jahreszeiten ist es wechselvoll wie den Elementen ergangen. Das babylonische Jahr zerfiel in drei Jahreszeiten. Thukydides (etwa 460–400 v. Chr.), der größte Historiker der Antike, begnügte sich sogar allein mit Sommer und Winter; für ihn wurde das Jahr einfach und einleuchtend durch Sommer- und Winterfeldzüge gegliedert. Nur langsam trieb die Entwicklung zu *vier* Jahreszeiten hin. Übrigens wäre nichts natürlicher, als eine fünfte Jahreszeit einzuführen: den „Vorwinter". Aber die Vier gebietet uns, bei der Vier zu bleiben.

Der englische Arzt und Mystiker Robert Fludd (1574–1637), der von Kepler einer Polemik für wert gehalten wurde, sah überall in der Natur Vierheiten am Werk und sprach wie ein zweiter Pythagoras verehrungsvoll von der „Würde" und der „Göttlichkeit" der Vier. Wolfgang Pauli nahm Fludd ernst, viel ernster als Kepler es je getan hatte. Natürlich entging ihm nicht das Schräge in Fludds Denken – aber der hyperkritische Pauli hielt dieses schräge Denken für zielführend: Er sah in dem Mystiker einen Vorläufer der modernen „quarternären“ Physik, die mit den vier fundamentalen Quantenzahlen die „Vierheit“ zu neuem Leben erweckt hatte. Noch allgemeiner – und noch feierlicher – sprach der Geschichtsphilosoph Eric Voegelin (1901–1985) von der „Vierer-Struktur“ der „ursprünglichen Gemeinschaft des Seins“, bestehend aus „Gott und Mensch, Welt und Gesellschaft“.[170]

Niemand aber hat in neuester Zeit mehr für die Reputation der Vier getan als der berühmte Carl Gustav Jung (1875–1961). Dieser Psychiater hat in der „Quaternität“ geradezu einen Archetypus gesehen, und zwar einen Archetypus der Ordnung, einen, der „bannend und beschwörend dem Archetypen Wotan entgegen[tritt]“[171], jenem Himmler-Wotan, der in den 30er und 40er Jahren des 20. Jahrhunderts zuchtlos in deutschen Landen herumgestürmt ist.

Die Pythagoreer identifizierten auch Entitäten, die uns heute sehr zahlenfern vorkommen, mit Zahlen, etwa Seele, Vernunft, Liebe und Streit.[172] Sie hielten die ungeraden Zahlen für männlich, die geraden für weiblich[173] und sahen deshalb in der Fünf (= 2 + 3 = weiblich + männlich) das Symbol der Ehe. Bis ins 19. Jahrhundert hinein war denn auch die Fünf die „Zahl der Venus“. Bei Gleichungen wie „Gerechtigkeit = 4“ und „Ehe = 5“ wird man nur schwer den Verdacht abwehren können, die Pythagoreer hätten sich mit ihrem Haupttheorem „Alles ist Zahl“ denn doch ein wenig übernommen. Aus dem mystischen Glauben an die Gestaltungskraft der Zahl gewannen sie aber auch das weltverändernde Vertrauen in die Erkenntnis stiftende Kraft der Zahl: *Was Zahlen gestalten, ist durch Zahlen verstehbar.* Es ist wieder einmal der Mystiker Philolaos, der uns diesen durch und durch modernen Hauptartikel des pythagoreischen Credos überliefert, so jetztzeitig wie Schnellimbiss und On-line-banking: „Die Natur der Zahl ist Erkenntnis spendend … für jeden bei jedem Dinge, das ihm rätselhaft und unbekannt ist. Denn niemandem wäre irgendetwas von den Dingen deutlich ... wenn es die Zahl nicht gäbe."[174] Die Zahlenmystik bahnt hier den Weg zur mathematischen Naturwissenschaft, so wie das alttestamentliche *Buch der Weisheit* (11,20) ihn mit den korrespondierenden Worten bahnt: „Du, Gott, hast alles geordnet nach Maß, Zahl und Gewicht."

9 Die Drei – „Gottes höchsteigene Zahl"

Alles ist drei und nichts mehr oder weniger als diese drei.

Ion von Chios (Tragiker, um 460 v. Chr.)

Die Drei ist keine Zahl wie jede andere: Sie ist eine Naturgewalt, eine Denkfigur und ein Gefühlsmuster. Man könnte sie sehr gut einen Archetypus nennen. Die Sieben und die Vier, das wissen wir schon, haben eine „Anziehungskraft" – die Drei hat sie dreifach. Es gibt in uns nichts weniger als einen veritablen Drang und Trieb zur Drei; man hat denn auch von einem „Sog" dieser Zahl und von einem *three-determinism* („Dreierdeterminismus") gesprochen.[175] Man darf vermuten, dass Eva sich während ihrer ersten Schwangerschaft an der Drei versehen hat. Genaueres wissen wir freilich nicht. Einen tiefen Einblick in das Numinose der Drei lässt uns der immer nüchterne Aristoteles tun:

Die Pythagoreer sagen: das All und Alles wird durch die Drei bestimmt. *Die Dreiheit ist die Zahl des Ganzen, denn sie umschließt Anfang, Mitte und Ende.* Darum wenden wir diese Zahl auch bei den Kultbegehungen an, da wir sie von der Natur wie eines ihrer Gesetze übernommen haben.[176]

„Die Drei umschließt Anfang, Mitte und Ende": Diese Eigenschaft soll den Pythagoreern so wichtig gewesen sein, dass sie die Drei dem höchsten Gott zuschrieben.[177] Der christliche Dichter du Bartas (1544–1590) ist den Heiden gefolgt und hat die Drei

„Gottes höchsteigene Zahl, des Himmels liebste Zahl“ genannt.[178] Ein assyrischer Text spricht um 650 v. Chr. von „drei Himmeln und drei Erden“[179]. Laotse (6. Jahrhundert v. Chr.) hat in der Drei eine allesgebärende Urkraft gesehen: „Das Dau [Tao, Urgrund] gebar das Eine, / Das Eine gebar die Zweizahl, / Die Zweizahl gebar die Dreizahl, / Aus der Dreizahl wurde die Vielzahl der Dinge.[180]

Die Macht der Drei zeigt sich nirgendwo so brutal wie in der Dreiteilung „Zukunft, Gegenwart, Vergangenheit“ und in jenem Räderwerk, das die Zukunft ständig in Gegenwart, die Gegenwart ständig in Vergangenheit zermahlt: Die dreistufige Sanduhr, die jeder gut ausstaffierte Sensenmann mit sich führt, ist das schauerliche Symbol dieser Zerschredderungsmechanik. Mit skurriler Phantastik hat Morgenstern eine Methode ausgetüftelt, die sinistre Trichotomie der Zeit auszulöschen. Die Sanduhr des Todes konterkariert sein Korf mit einer Uhr der Ent-zeitung:

> Korf erfindet eine Uhr,
> die mit zwei Paar Zeigern kreist,
> und damit nach vorn nicht nur,
> sondern auch nach rückwärts weist.
>
> Zeigt sie zwei, somit auch zehn:
> zeigt sie drei, – somit auch neun;
> und man braucht nur hinzusehen,
> um die Zeit nicht mehr zu scheun.
>
> Denn auf dieser Uhr von Korfen,
> mit dem janushaften Lauf,
> (dazu ward sie so entworfen):
> hebt die Zeit sich selber auf.[181]

Neben der dreigeteilten Zeit steht als nächstes hartes Dreierfaktum der Natur der dreidimensionale Raum. In ihm sind wir so erbarmungslos eingekerkert, dass Science-

Fiction-Autoren unablässig davon träumen, uns *via* vierte Dimension der dreidimensionalen Enge zu entreißen. Ein weiteres fundamentales Dreierphänomen sind die *Kräfte*: Sie hängen in der Regel von *drei* Faktoren ab: von *zwei Körpern*, die aufeinander wirken, und dem *Abstand* dieser Körper. Das Musterbeispiel ist die Gravitationskraft (etwa die zwischen Sonne und Erde). Dreigliedrig sind ferner die Naturprozesse „Essen, Verdauen, Ausscheiden" und „Werden, Sein, Vergehen". Der Kosmos besteht in Babylonien und Schleswig-Holstein aus Himmel, Erde, Wasser, im alten Christentum aus Himmel, Erde, Hölle. *Drei* Abteilungen sind es immer.

Damit nicht genug! Jede Handlung ist ein *Drei*gefüge aus Handlungssubjekt, Handlungsobjekt und Handlung selbst; die Drei gehört damit zum Wurzelgeflecht des tätigen Lebens. Nicht weniger gehört sie zum Wurzelgeflecht des Denkens: Der Syllogismus ist ein *Dreier*konstrukt aus Obersatz („Alle Menschen sind sterblich"), Untersatz („Sokrates ist ein Mensch") und Konklusion („Also ist Sokrates sterblich"); die Definition, die Basis allen Denkens, ist ein *Dreier*gebilde aus dem *definiendum* (dem zu Definierenden), dem *genus proximum* (nächsthöhere Gattung) und den *differentiae specificae* (den spezifischen Unterschieden). In Platons Akademie soll man den Menschen einmal so definiert haben: „Der Mensch [*definiendum*] ist ein Tier [*genus proximum*], das zwei Beine und keine Federn hat [*differentiae specificae*]." Ein getreues Ebenbild Gottes wird dieser federlose Zweibeiner schwerlich gewesen sein.

Angesichts der Fundamentalfunktionen der Drei wundert es nicht, dass in vielen Religionen die führenden Transzendenzpersonen in *Dreier*kollektiven auftreten. (Der solitäre Jahwe war eine Sonderanfertigung des Mose und hatte Mühe, Boden unter die Füße zu bekommen.) Es ist, als wolle die Natur von sich aus auf den Tritheismus (= Dreigötterei) hinaus, denn es ist ihre eigene triadische Struktur, die sich in den Triaden der himmlischen Chefetagen abspiegelt.

Schon die sumerische Religion kennt die Führungstriade An (Gott des Himmels), Enlil („Herr des Lufthauchs") und Enki (Gott des Grundwassers). Der babylonische Glaube schließt sich ihr mit Anu, Enlil und Ea an, die über Himmel, Erde und Wasser herrschen. Diese drei Götter der Elemente werden abgelöst von den drei Astralgöttern Sin (Mondgott), Schamasch (Sonnengott) und Ischtar (Venusstern, Liebesgöttin), ein Trio, das sehr oft einfach „die drei" genannt wird. Der fundamentalsten Triade „Werden, Sein, Vergehen" entspricht im Hinduismus die „Dreigestalt" (*trimurti*) Brahma (Schöpfer), Vischnu (Erhalter), Schiva (Zerstörer). Vielleicht kommt es von diesen Götter*triaden* mit der Welt als ihrem Herrschaftsbereich, dass den Babyloniern schon vor den Pythagoreern die Drei als Zahl des Ganzen und der Kraft galt. Der „Dreimann" war der starke Held, die dreifache Gestalt einer Gottheit stand für Macht.[182]

Die drei Götter einer Triade erfordern natürlich eine dreifache Sakralapparatur: drei Altäre, drei Räucherbecken, drei Lammopfer usw. Sie führen auch zu dreifachen Segnungen:

> Ea freue sich über dich,
> Damkin, die Königin des Ozeans, erleuchte dich mit ihrem Antlitz,
> Marduk, der große Aufseher der Igig, erhebe dein Haupt![183]

In diesem Ambiente der Heiligkeit bereitet sich die Drei auf ihre numinose Rolle vor. Ihren großen Auftritt hatte sie bei den Israeliten. Das Gottesvolk traute der Drei eine überragende Kraft im transzendenten Fach zu. Die Gründe hierfür mögen verschiedener Art gewesen sein. Auch die Juden werden die Drei als Naturgesetz und Naturgewalt erfahren haben. Dazu kam aber noch – und zwar entscheidend –, dass der

Gottesname YHWH (Jahwe) aus genau drei verschiedenen Buchstaben besteht, die Drei sich also tief im Fundament der jüdischen Gottesverehrung findet. Derartige Überlegungen spielten in archaischen Zeiten eine uns kaum noch verständliche Rolle. *Last but not least* mag ein Nachäffen des babylonischen Dreierenthusiasmus ins Spiel kommen. Es waren eben die Babylonier, die kulturell den Takt schlugen, mochte der gottesfürchtige Jude der „großen Hure Babylon" auch noch so sehr die Pest an den Hals wünschen.

Der dreibuchstabige Himmelsherr verlangt, als sei er gerade von einer Bildungsreise nach Babel zurückgekehrt, als Opfergabe ein dreijähriges Rind, eine dreijährige Ziege und einen dreijährigen Widder. Dreimal im Jahr soll man ihm ein Fest feiern, dreimal im Jahr sollen die Männer Israels vor ihm im Heiligtum erscheinen, dreimal am Tag soll der Gottesfürchtige beten. Den dreigliedrigen Aarons-Segen verfasst er selbst: „Der Herr segne dich und behüte dich. Der Herr lasse sein Angesicht über dich leuchten und sei dir gnädig. Der Herr wende sein Angesicht dir zu und schenke dir Heil." Drei Dinge sind ihm angenehm: Eintracht unter Brüdern, Liebe zwischen Freunden, Verständnis zwischen Mann und Frau. Drei Typen unter den Gottesebenbildlichen kann er nicht ausstehen: den hochmütigen Armen, den betrügerischen Reichen, den ehebrecherischen Greis. (Greise müssen damals putzmunter gewesen sein.) Drei Dinge muss ein Mann seiner Nebenfrau ebenso reichlich gewähren wie seiner Hauptfrau: Nahrung, Kleidung und Sex. Dreimalige Wiederholung einer Prozedur erhöht ihre Wirkung: Bileam segnet Israel dreimal, Noah verflucht Kanaan dreimal, Elija streckt sich dreimal über einen kranken Knaben, fleht Gott um Rettung an – und erzielt einen schönen Heilerfolg. Dreimalige Wiederholung eines Gelübdes drückt aufs Kräftigste Treue und Vertrauen aus: „Ich traue dich mir an auf ewig. Ich traue dich mir an um den Brautpreis von Gerechtigkeit und Recht, von Liebe und

Erbarmen. Ich traue dich mir an um den Brautpreis meiner Treue." Lea frohlockt, dass sie ihrem Jakob drei Söhne geboren hat („Jetzt endlich wird mein Mann an mir hängen"). Dank einer persönlichen Intervention des Herrn bekommt Hanna noch drei Söhne. Die Drei dringt sogar in die Architektur der heiligen Bezirke ein: Der Altar soll drei Ellen hoch sein; der Vorhof des neuen Tempels soll terrassenförmig mit drei Stockwerken angelegt werden. Oft tritt die Drei bei der Angabe bedeutsamer Zeitangaben auf: „Drei Tage lang lagen [die Juden] auf den Knien und flehten unter Tränen und Fasten gemeinsam den barmherzigen Herrn an." Joseph versichert dem degradierten Mundschenk, der Pharao werde ihn nach drei Tagen wieder in sein Amt einsetzen; dem degradierten Oberbäcker stellt er in Aussicht, der Pharao werde ihn nach drei Tagen hängen.[184]

Im Neuen Testament zieht sich die Drei durch Jesu ganzes Leben – bis hin zur letzten Station: den drei Kreuzen auf Golgatha: Die Drei ist geradezu die „Jesuszahl". Drei Jahre lang lehrt Jesus öffentlich. Dreimal versucht ihn der Satan (wird aber grob abgefertigt). Den Schriftgelehrten kündigt er an, „der Menschensohn [werde vor seiner Auferstehung] drei Tage und drei Nächte im Innern der Erde sein", so wie Jona drei Tage und drei Nächte im Bauch des Walfischs gewesen war. Seinen Jüngern offenbart er dreimal seine bevorstehenden Leiden. Dem „Felsen" Petrus sagt er voraus, er (Petrus) werde ihn noch in dieser Nacht dreimal verleugnen – und so geschieht es auch, und Petrus weiß unter Tränen, dass er sich nicht sehr felsenmäßig benommen hat. Dreimal betet Jesus im Garten Gethsemane das gleiche Gebet: Gott möge, wenn möglich, den Kelch an ihm vorübergehen lassen. Dreimal bricht er (nach der Überlieferung) auf dem Weg zur Schädelstätte unter der Last des Marterholzes zusammen, in der dritten Stunde des Tages wird er mit drei Nägeln ans Kreuz geschlagen, drei Stunden später beginnt eine dreistündige

Finsternis, und an ihrem Ende gibt der Dreiunddreißigjährige den Geist auf. An diesem Tag wurden auf Golgatha drei Männer hingerichtet: Jesus und zwei Mörder. Jesu Kreuz war das mittlere der drei Kreuze; Kreuzigungsgemälde akzentuieren die Dreizahl in der Regel noch dadurch, dass Jesu Kreuz höher aufragt als die beiden Banditenkreuze. (Ein sinistres Gegenstück dazu war die riesige Hakenkreuzfahne, flankiert von zwei kleineren Fahnen in Schwarz-Weiß-Rot, auf der Tribüne des Tempelhofer Felds zur Feier des 1. Mai 1933.) Am dritten Tage nach der Kreuzigung kam es zur Auferstehung. Der Auferstandene fragte Petrus dreimal: „Liebst du mich?“ Wenig später geschah das Pfingstwunder, und zwar „in der *dritten* Stunde des Tages“. Petrus legte Wert auf diese Zeitangabe, um den Verdacht auszuräumen, die Jünger seien nicht voll des Heiligen Geistes, sondern „voll des süßen Weines“;[185] kein Bürger, meinte er, sei doch schon um die Mittagszeit betrunken. Petrus war nie am Rhein gewesen.

Der evangelische Gottesdienst schließt mit dem kräftigen dreigliedrigen Aarons-Segen. Eine raffinierte Steigerung hin zu einer raffinierten Dreigliederung im Dreigegliederten macht aus der katholischen „Wasserweihe“, ein veritables Dreierkunstwerk:

> Mögest du geruhen, dieses Wasser zu *segnen.*
> Mögest du geruhen, dieses Wasser zu *segnen* und zu *heiligen.*
> Mögest du geruhen, dieses Wasser zu *segnen,* zu *heiligen* und zu *weihen.*

Bei den Griechen finden wir Göttertriaden *en masse.* Die supreme Dreiheit ist Zeus, Poseidon und Pluto. Verbunden sind diese drei durch ihre gemeinsame Herrschaft über die dreiteilige Welt: über den Himmel (zuständig Zeus), über Erde und Wasser (zuständig Poseidon) und über die Unterwelt (zuständig Pluto). Eine Göttertriade wird nicht als

Dreier*haufen*, sondern als Dreier*gefüge* gedacht. Sophokles (496–406 v. Chr.) lässt den Chor in seinem *König Ödipus* eine gewissermaßen in sich geschlossene Götterdreiheit anrufen:

> Athene, Artemis, Phoibos Apollon,
> *Dreiheit*, vom Tod mich zu retten, erscheine mir.[186]

Eine überbordende Dreierseligkeit zeigt sich in der fast endlosen Schar griechischer Schwurgöttertriaden. Das erste Trio dieser Art findet sich schon in Homers *Ilias*, wo der Oberkommandierende Agamemnon Zeus, Ge und Helios anruft, um feierlich zu versichern, er habe die Tochter des Briseus nie unsittlich berührt.[187] Solon hat den Schwur bei *drei* Göttern sogar gesetzlich vorgeschrieben.[188] Der gewiegte Publikumskenner Aristophanes kann in seiner bissigen Sokrates-Komödie *Die Wolken* diese Sache bereits parodistisch ausbeuten. Sein Sokrates verzweifelt schier ob der Stupidität des unheilbar einfältigen Strepsiades und stöhnt:

> Beim Atem schwör' ich's, bei der Luft, beim Chaos!
> Nein, solchen Tölpel sah ich doch noch nie …[189]

Und als ob sich theologische Dreierrudel von selbst verstünden, verlangt Sokrates dem Bauernlümmel tatsächlich ein trinitarisches Glaubensbekenntnis ab:

> Und erkennst du nun auch gleich uns fortan, dass kein anderes göttliches Wesen
> Existiert, denn allein diese heiligen Drei: das Chaos, die Wolken, die Zunge?[190]

Die göttlichen Protektoren antiker Städte treten gewöhnlich als Dreiheiten auf. Die bekannteste Trias ist die Schutztruppe des römischen Kapitols: Jupiter, Juno und Minerva. Sie wurde im ganzen Imperium verehrt und stand den Bürgern überall in steinernen Figuren vor Augen.

Andere gut eingeführte Dreiergruppen mit Transzendenztouch sind die drei Horen – Dike (Recht), Eunomia (Ordnung) und Eirene (Friede) –, die drei Moiren – Klotho (die den Lebensfaden spinnt), Lachesis (die das Schicksal zuteilt) und Atropos (die den Lebensfaden zerschneidet) –, ferner die drei scheußlichen Gorgonen und die drei lieblichen Chariten. Den drei Moiren entsprachen in Rom die drei Parzen, in Germanien die drei Nornen. Der Wagnerianer wird uns spätestens jetzt mit einiger Ungeduld an die drei brustschwimmenden Rheintöchter Woglinde, Wellgunde und Floßhilde erinnern. (So heißen die Jungfern wirklich!)

Nirgendwo aber zeigt sich der „Drang zur Drei“ unverhüllter, als wenn eine Dyade (Zweiheit) ohne Not zu einer Triade aufgefüllt wird. Zwei Beispiele! Die Griechen begnügten sich lange Zeit mit zwei Heilgöttern: mit Asklepios und Hygieia. Aber schließlich zwang ihnen die Drei einen dritten Heilgott auf. Das konnte etwa eine der honetten Gottheiten Apollon oder Athene sein. Schließlich erscheint als „Dreiheitsbeschaffer“ aber auch eine vollendet obskure Figur namens Telesphoros, ein windiger Bursche, der erst gegen Ende des 1. Jahrhunderts *nach* Chr. von sich reden macht. Es gibt keinen einzigen guten Grund, dem bewährten Heilerduo Asklepios/Hygieia einen Apollon oder eine Athene oder gar einen Telesphoros beizugesellen. Hier geschieht nur, dass die Drei sich wichtig macht. Sie macht sich peinlich auffällig auch im Westchor des Mainzer Doms wichtig: Dort nämlich wird der heilige Martin nicht mit dem einen obligaten Bettler gezeigt, sondern gleich mit zwei Armseligen („der Ästhetik der Proportionen wegen“, sagt ein Kommentar). Die Dyade drängt zur Triade, denn: „Die Dreiheit ist die Zahl des Ganzen“ (Aristoteles).

Die Göttertrias findet ihr höchst suggestives Bild in den dreigestaltigen oder dreiköpfigen Gottheiten. Es gibt sie in Indien, in Ägypten und im Iran, in Griechenland, in Rom, bei

den Kelten und den Slawen. Die hinduistische *trimurti* – die
Dreiheit Brahma, Vischnu und Schiva – wurde gern darge-
stellt als *ein* Körper, auf dem *drei* Köpfe sitzen. In einem
Zweizeiler auf einem ägyptischen Amulett werden drei Ein-
zelgötter zu einem „Vater des Kosmos“, einem „dreigestalti-
gen Gott“ zusammengefügt.[191] Die heute noch kleingewerb-
lich tätige Hexenkönigin Hekate ist fallweise „dreigestaltig“
oder „dreiköpfig“.[192]

Im christlichen Europa hat man die *trinitas* Vater/Sohn/
Heiliger Geist häufig so dargestellt wie in Indien die *trimurti*:
ein einziger Körper mit drei Köpfen. Besonders geschickt hat
dies ein unbekannter Tiroler Maler getan: Er hat die Trinität
als einen Körper mit drei *identischen* Gesichtern geformt, die
untrennbar miteinander zusammenhängen.[193] Luzifer ist das
Zerrbild der Trinität, und deshalb sieht Dante im Herrn der
Hölle ein Wesen mit „drei Gesichtern an einem Kopf“, die
drei Gesichter aber sind, wie es sich im Satansfall gehört, ab-
stoßend scheußlich koloriert: Das erste ist blutig rot, das
zweite krankhaft gelblich, das dritte schauerlich schwarz.[194]

Hermann Usener spricht von einem „weit verbreitete[n]
menschliche[n] Trieb, sich die Gottheit in der Form der Drei-
heit vorzustellen. Bei den meisten, vielleicht bei allen Völkern
des Altertums hat dieser Trieb lange seine Wirkung geübt, in
vielen Fällen gewiss unbewusst, mit der Kraft eines Naturge-
setzes. Aber in der geschichtlichen Zeit hat man sichtlich mit
klarem Bewusstsein Dreiheiten von Göttern zusammenge-
stellt“.[195]

Die Drei ist *die* „theologische Zahl“. Aristoteles sagt es so:
„Wir wenden die Drei auch bei den Kultbegehungen an.“[196]
Augustinus redet ähnlich: „Die Dreizahl ragt in vielen Sakra-
menten ganz besonders hervor.“[197] Zu den schon angeführ-
ten Beispielen für die „theologische Drei“ will ich noch einige
wenige hinzufügen, um den religiösen Aktionsradius dieser
Zahl zu illustrieren.

Beim Runenorakel der Germanen wurden Holzstäbchen mit eingeschnittenen Zeichen (Runen) auf den Boden gestreut, dann *drei* von ihnen nach dem Zufallsprinzip aufgehoben, und nun machten sich die Fachleute ans Deuten der Runen.[198] Ähnlich ging es bei den Galliern zu: „Valerius erzählte, dass in seiner Gegenwart die Götter dreimal durch Runen befragt worden seien, ob er sofort verbrannt oder für später aufgespart werden sollte." Der Mann hatte Glück: Seine Verbrennung wurde vertagt.[199]

Bei besonders feierlichen Anlässen brachten die Griechen ein Opfer von *drei* Tieren dar (Eber, Ziege und Widder). Dieses besondere Opfer hieß einfach *trittys* („die drei", „die Dreiheit"). *Drei* Tage nach einer Bestattung stand bei den Hellenen ein Totenopfer an; man nannte es kurz *trita.* Antigone ehrte den toten Bruder mit „dreifachem Guss" (*trispondos*) auf das Grab.[200]

Die rauschendste Orgie der theologischen Drei aber war die Feier der römischen *Ludi speculares* im Jahre 17 v. Chr. mit frommen Veranstaltungen, die drei Tage und drei Nächte dauerten. Die Serie der sakralen Operationen begann mit dem Opfer von 3×3 Zicklein und 3×3 Lämmern an drei verschiedenen Altären; sie endete am dritten Tag des Juni. Dem Fest gingen drei Tage mit Reinigungen und drei Tage mit Sühneopfern voraus; man schloss es ab mit einem Lied, das von 3×3×3 Knaben und 3×3×3 Mädchen gesungen wurde. Die drei Festtage und drei Festnächte waren jeweils drei Gottheiten gewidmet; in der dritten Nacht wurden drei Opfer dargebracht.[201] Grandioser hat die Drei in der Welt unter dem Mond nicht mehr aufgespielt.

Was den Göttern recht ist, ist den Menschen billig. Auch sie haben ein Faible für triadische Gruppen. Die klassische Formulierung hierfür lautet: „*Tres faciunt collegium*" („Drei bilden ein Kollegium"). Die Kammern des Bundesverfassungsgerichts, die über die Annahme von Verfassungsbeschwerden entscheiden, bestehen aus jeweils *drei* Richtern. Sprichwörtlich sind die „heiligen drei Könige", die „drei Musketiere" und die „drei von der Tankstelle". Es gibt das Trio der Erzväter Abraham, Isaak und Jakob und das Trio der Erzväter Marx, Engels und Lenin; die Nationalsozialisten erfanden flugs das Gegentrio Friedrich der Große, Bismarck und Hitler. Ein admirables Trio sind die drei Affen, von denen der erste nichts sieht, der zweite nichts hört und der dritte nichts sagt. Nach dem Anschlag islamistischer Terroristen am 11. September 2001 auf das World Trade Center zeigte *Newsweek* in einem berühmten Titelbild, wie *drei* Feuerwehrmänner die amerikanische Fahne zwischen Trümmern aufrichten; die Attentäter Mohammed Atta, Marwan al Shehhi und Ziad Jarrah wurden alsbald zu einem „Terror-Trio" gebündelt. Hexen sind auch Menschen und agieren also am liebsten zu dritt. Die beiden Hexengruppen in Shakespeares *Macbeth* sind denn auch Trios. In Fontanes *Die Brücke am Tay* ist es nicht anders: Genau *drei* Hexen treten auf. Die Drei ist in Hexensachen *de rigueur*. Man versteht nun besser die Angst einiger moderner Menschen, zu *dritt* an einem Tisch zu sitzen. Es ist nun einmal so, dass *drei* Personen nur allzu leicht auf den Gedanken kommen, das zu betreiben, was man *zu dritt* am besten betreibt: schwarze Magie.

Schriftsteller und Maler, das versteht sich jetzt von selbst, bevorzugen Dreiergruppen. Stefan Zweig hat die *Drei Meister* geschrieben (Essays über Balzac, Dickens und Dostojewskij – Warum hat er nicht Dickens weggelassen oder Tolstoj hinzugenommen?) Santayana hat das Buch *Drei philosophische Dichter* verfertigt (über Lukrez, Dante und Goethe), von Hofstadter gibt es das „Kultbuch" *Gödel, Escher, Bach.* Goya hat *Drei grabende Männer*, Leibl *Drei Frauen in der Kirche* gemalt, von Disney stammt der Cartoon *Drei kleine Schweine.* Das berühmteste Dreier-Ensemble hat Dürer geschaffen: *Ritter, Tod und Teufel.*

Die Drei ist eine *idée fixe*. Bei den Operationen des Teilens und Zusammenfassens kann man geradezu von einem „Dreierzwang" reden, ganz so wie Freud von einem „Waschzwang" gesprochen hat. Psychologen haben experimentell bestätigt, dass wir uns mental in Dreiteilungen, Dreiergruppen und Dreierordnungen bewegen. So „natürlich" ist uns das Dreiteilen, dass eines der lateinischen Wörter für „eine Sache in Teile zerlegen" – *tribuere* – die Drei als *tri* schon im Namen führt. Platon zerlegte den Menschen in Vernunft, Mut und Begehren, Augustinus in Denken, Fühlen und Wollen, Freud in Es, Ich und Über-Ich. Die Philosophie zerfiel ehemals in Logik, Physik und Ethik, das Recht in Naturrecht, Völkerrecht und bürgerliches Recht, die mittelalterliche Universität in die Fakultäten für Theologie, Recht und Medizin. Wir Deutsche könnten uns der klassischen Dreiteilung der Gewalten in Legislative, Exekutive und Judikative erfreuen, gäbe es da nicht noch den DGB, die ARD und die Autonomen.

1910 hat Henry Gaudy sein Buch *Trichotomy in Roman Law* veröffentlicht und darin mit Unbehagen konstatiert. dass der üppige Gebrauch der Dreiteilung in Justinians epochalem Gesetzeswerk nur in wenigen Fällen *logical* und *suitable* sei; er spricht denn auch unverhohlen von einem „mystischen" Einfluss dieser Zahl.[202] Über den Zugriff der Drei auf das *Allgemeine Bürgerliche Gesetzbuch Österreichs* konnte man sogar schon 1868 den Satz lesen:

> Der ganze dritte Teil des Allgemeinen Bürgerlichen Gesetzbuchs ist nur aus dem formellen Bestreben hervorgegangen, die trichotomische Einteilung, welche nach dem Vorbild der Institutionen [Justinians] das unvermeidliche Erfordernis einer guten Systematik zu bilden schien, zu retten.[203]

Im Prozessrecht der pragmatischen Amerikaner tut sich die Drei so umtriebig hervor, dass nüchterne Juristen sie ohne Scheu eine *magical number* genannt haben.[204] Das Charisma der Drei wird eben gerade im uncharismatischen Recht besonders auffällig.

In der Medizin hat die Drei schon früh von sich reden gemacht. Zum Austreiben böser Geister dienten der babylonischen Heilkunst einerseits stark fäkalienhaltige Pharmaka, die dank ihrer Unappetitlichkeit den Dämonen den Aufenthalt im Menschen verleiden sollten (und dies gewiss auch taten), andererseits sorgfältig ersonnene Beschwörungstexte. Diese mussten – und das war entscheidend! – *drei*mal hintereinander oder sogar *drei*mal pro Tag an *drei* aufeinander folgenden Tagen aufgesagt werden. In kompliziert gelagerten Fällen empfahl der Therapeut, den Teufel mit Beelzebub auszutreiben, will heißen, die Dämonen mit Hilfe der Chefdämonin Labartu zu verjagen: zu diesem Zweck sollte man eine Statuette des Unterweltsweibes *drei* Tage lang zu Häupten des Kranken aufstellen, dann zerschlagen und begraben.

Das griechische Gegenstück zu Labartu war die „dreigestaltige" Hekate, die dem Hexenwesen *und* der Geburtshilfe vorstand (welch eine Kombination!). Medea, eine Zauberin und Mörderin von Rang (sie hat in einer Blitzaktion alle ihre Kinder umgebracht) stand mit ihr auf vertrautem Fuß. Als die Magierin ein heikles Verjüngungselixier zusammenbrauen will, hebt sie *drei*mal die Hände, schöpft *drei*mal vom Wasser des Flusses, netzt sich *drei*mal das Haar und erbittet *drei*mal Hekates Hilfe.[205] Kurz vorher hatte die schöne Teufelin übrigens eine Schlange durch *drei*maliges Vorsprechen eines Schlummertextes anstandslos in den Schlaf gewiegt.[206]

Medea-Hokuspokus und Schamanen-Tamtam war nicht auszurotten, und so war denn auch der magischen Drei nicht beizukommen. Der große Cäsar, der gerne den Intellektuellen gab, pflegte *drei*mal hintereinander eine stehende Formel aufzusagen, um sich gegen Unfälle zu sichern.[207] Wenn ein

Römer nach einer Fußwaschung seine Augen *drei*mal mit dem Waschwasser betupfte, blieb er von Augenleiden frei.[208] (Diese Waschwasserprophylaxe scheint nur bei Römern angeschlagen zu haben, man findet sie nirgendwo sonst.) Kein Geringerer als Vergil informiert uns über einen Liebeszauber, mit dem ein verlassenes Mägdelein dem abgekühlten Geliebten neues Feuer in die Adern gießen kann: Man muss um das Wachsbild des Bettflüchtigen *drei* Fäden von *drei*fach verschiedener Farbe mit jeweils *drei* Knoten schlingen und dieses Präparat *drei*mal im Kreise um den Altar tragen.[209] Die Drei häuft sich hier, und an dieser Stelle sagt nun Vergil sein berühmtes Wort: *Numero deus impare gaudet* – „Gott freut sich an der ungeraden Zahl". Die Übersetzer bringen aber zu Recht gerne die Drei selbst ins Spiel: „Es freut sich der Gott an der ungeraden Dreizahl" oder noch kräftiger: „Die Gottheit hat Lust an der Dreizahl."[210] Römer – offenbar wieder nur Römer – konnten auch die Wirkung einer Arznei dadurch unterstützen, dass sie nach Einnahme *drei*mal auf den Boden spuckten.[211] Überhaupt scheint dreimaliges Spucken zu den effektivsten Operationen in schwierigen Lebenslagen gehört zu haben. Der römische Dichter Tibull (19 v. Chr. jung gestorben) hatte von einer ausgefuchsten Zauberin einen Beschwörungsgesang erhalten, mit dem seine Geliebte ihren Ehemann leicht über den Löffel balbieren konnte. Sie musste nur den Cantus *drei*mal singen, anschließend den Gehörnten *drei*mal bespucken – dann glaubte der Tropf keinem anzüglichen Gerücht über die beiden Liebestollen mehr, er glaubte nicht einmal seinen eigenen Augen, „wenn er uns sähe aufs Lager gestreckt"[212]. Von Petronius (1. Jahrhundert n. Chr.), einem hohen römischen Beamten und talentierten Lotterbuben, erfahren wir, wie man es unfehlbar zu einer respektablen Erektion bringt: Ein Zauberweib legt einem ein buntes Band aus Kordelfäden um den Hals und streicht einem eine Paste aus Staub und Speichel auf die Stirn. Jetzt kommt die entscheidende Eigenleistung: Man spuckt *drei*mal aus und steckt *drei*mal Steinchen in die Tasche – und schwuppdiwupp steigt der Michel mächtig in die Höhe.[213] So viel aus Zeiten, da das Spucken noch geholfen hat.

Der römische Staatssekretär Marcellus (um 400 n. Chr.) hat durch „Zauber“ die allerverschiedensten Krankheiten aus dem Leib „herausgeführt“. Einer der Zaubersprüche des Beamten bestand im Kern aus der ungehobelten Aufforderung an die Krankheit: „Troll dich!“ (Dieses Austreibungsverfahren wird von modernen Staatsmännern mit ungewissem Erfolg gegen Rezessionen angewandt.) Das Entscheidende scheint nun aber gewesen zu sein, dass man das Sprüchlein in nüchternem Zustand hersagte und dabei „den betreffenden Körperteil mit *drei* Fingern – Daumen, Zeigefinger und Ringfinger – berührte“[214]. Bei all dem scheint Marcellus als vorbildlicher Empiriker gegolten zu haben; jedenfalls gab man ihm den Ehrennamen *Empiricus*. Andere heilkräftige Zaubersprüche des *Empiricus* arbeiten mit *tres sorores* (drei Schwestern) oder mit *tres virgines* (drei Jungfrauen), und da die Sprüche selbst gänzlich inhaltsleer sind, sieht man, dass es bei ihnen auf nichts anderes ankommt als auf die *Drei*zahl der Schwestern bzw. Jungfern.[215]

Gegen Geschwulste wandten die Engländer vorzeiten die folgende Rezeptur an: „Singe *drei*mal das Paternoster und wiederhole *drei*mal *Fuge, diabolus, Christus te sequitur.*“ („Hebe dich weg, Satan, Christus ist dir auf den Fersen!“) Die besseren Magier der schottischen Highlands kannten eine zuverlässige Apparatur gegen den „bösen Blick“: Sie bestand (ähnlich wie Vergils Liebeszaubergerät) aus *drei* verschiedenfarbigen Fäden mit jeweils *drei* Knoten. Mit Warzen wird man in Irland wie folgt fertig: Man reibt ein Stück gestohlenes [!] Fleisch im Namen des Vaters, des Sohnes und des Heiligen Geistes dreimal um die Warze herum – basta.

Der Drang zur Drei ist so heftig, dass die Drei oft künstlich ins Spiel gebracht wird. Das Matthäusevangelium (2,1) berichtet (*ohne* Zahlenangabe): „Es kamen Sterndeuter aus dem Osten." Das Christenvolk aber verlangte die Dreizahl und bekam sie in Gestalt der „heiligen drei Könige [drei Weisen] aus dem Morgenland", die man sogar namentlich zu kennen vorgab: Caspar, Melchior und Balthasar. Neben den „Drei Weisen aus dem Morgenland" machten in unseren Tagen „Drei Gelehrte aus dem Abendland" (FAZ-Titel) von sich reden. Das waren die Dichter Enzensberger, Schrott und Muschg, die 2001 selbdritt zu Hafis' Grab in Schiras pilgerten. Warum waren es nicht vier oder fünf, neun oder zehn? Warum nicht zweihundertdreiundzwanzig? Deutschland ist reich an fahrenden Scholaren. Die Frühchristen waren noch zu allseitiger Zufriedenheit mit zwei transzendenten Lokalitäten – Himmel und Hölle – ausgekommen; unter dem Dreierzwang aber fügte das Mittelalter ein supplementäres Purgatorium hinzu. In seiner berühmten Unterhausrede vom 13. Mai 1940 hat Churchill den Briten zugerufen, er könne ihnen nichts anderes bieten als „Blut, Mühsal, Tränen und Schweiß". Das Volk aber machte aus dieser Tetrade über Nacht die Erfolgstriade „Blut, Schweiß und Tränen". Zur „Achse des Bösen", bestehend nach US-Präsident Bush aus den drei „Schurkenstaaten" Nordkorea, Iran und Irak, schrieb der *Spiegel* am 17. Februar 2003: „Eigentlich gab es vor einem Jahr keinen Anlass, Iran und Nordkorea auf eine Stufe mit dem Irak zu setzen. Bush aber war besonders stolz auf die Kreation" – kein Wunder, sie war eine eingängige Triade. Im Irakkrieg 2003 gab es die viergliedrige „Achse des Friedens" Paris-Berlin-Moskau-Peking, aber man ließ sie schließlich zusammenschrumpfen zur Triade Paris-Berlin-Moskau. Die Drei lässt ihrer nicht spotten.

Die Dreierobsession kann in Dreierexzesse ausarten. Ahriman, der Erzböse in der Religion Zarathustras, erregt sage und schreibe 3×33333 Krankheiten. Aldous Huxley hat einen zahlenverliebten Maler geschildert, der nur noch zahlenselige Bilder malt, z. B. eines mit 33000 Schwänen und 3 Sonnen.[216] Ein französisches Lied erzählt, der Cadet Rousselle habe drei Häuser, drei Anzüge, drei Hüte, drei Augen (das dritte ein Monokel), drei Paar Schuhe, drei Haare, drei Diener, drei Hunde, drei Katzen, drei Töchter – und drei Centimes fürs Allernötigste.

Es braucht nicht zu wundern, dass eine so dominante Zahl wie die Drei, die in den Strukturen der Natur und der Götterwelt herrscht und unser Denken präformiert und determiniert – es braucht nicht zu wundern, dass eine solche Zahl tief in unser Leben und Fühlen eingedrungen ist. In den Titeln der Grimmschen Märchen erscheint sie – und das ist viel-sagend – weit öfter als jede andere Zahl. Die Hellenen sprachen von den „*drei* Übeln", die Deutschen wissen: „Aller guten Dinge sind *drei*." Odysseus schmeichelt der reizenden Nausikaa mit den Worten: „*Drei*mal Heil deinem Vater, der waltenden Mutter! *Drei*mal Heil deinen Brüdern."[217] Horaz (65–8 v. Chr.) nannte den wahrhaft glücklichen Menschen „*drei*fach glücklich" (*ter felix*), im Englischen sagt man *thrice happy*. Johannes von Damaskus (680–750) pries die Jungfrau Maria als „*drei*fach herrlich". Der Mensch der Spätantike verehrte als Inkarnation mystisch-tiefer Weisheit den *Hermes trismegistos*, den „*drei*fach großen Hermes". Jahwe ist der „*drei*fach heilige Gott", denn die Engel preisen ihn als „heilig, heilig, heilig" (Jes 6,3). Eine schwierige Entscheidung sollte man *drei*mal überlegen; vor dem Einkauf den Groschen *drei*mal umdrehen; bei gütigen Feen hat man *drei* Wünsche frei. Wenn schon geflucht werden muss, sollte man „in *drei* Teufels Namen" fluchen, wie umgekehrt der fromme Christ, als es noch fromme Christen gab, *drei* Kreuze schlug, wenn es aufs Äußerste kam. Unverzichtbar ist die Drei bei landesüblichen Urschreien: Die Mainzer rufen „Helau, Helau, Helau", die Italiener „*Bravo, bravo, bravissimo!*", die Engländer stoßen *three cheers* aus. Am 8.1.2001 schilderte *Der Spiegel*, wie der Streetfighter-„Comandante" Joseph („Joschka") Fischer, im April 1973 mit einem Frankfurter Polizisten umsprang: „Der spätere Außenminister bleibt im Hintergrund, rückt erst vor, als der Gegner überwältigt ist, dann schlägt er mit der Faust zu, einmal, zweimal, dreimal." (Der Revoluzzer als Auktionator: „Zum Ersten, zum Zweiten, zum Dritten!") Schließlich: Ist es nur von ungefähr, dass der Mann, der dem deutschen Fußball nach dem Elend der Europameisterschaft 2000 Retter und Heiland sein soll, ist es wirklich nur von ungefähr, dass diese Lichtgestalt – Meyer-Vorfelder – am *3.3.33* zu uns hernieder in das Erdenelend gekommen ist?

Nach der Drei kommt nicht die Vier, sondern das „Viele". Das sagen uns die deutschen und englischen Kinder: „Eins, zwei, drei – ganz viele" – „*one, two, three – infinity*". Der Erwachsene tut es den Kindern auf einer etwas höheren Ebene nach: Er kennt die „Monade" (Einheit), die „Dyade" (Zweiheit) und die „Triade" oder „Trias" (Dreiheit), aber die „Tetrade" oder „Tetras" (Vierheit) kennt er in der Regel nicht. Es ist merkwürdig, dass die Lebenspartnerschaften hier eigenwillig aus der Reihe tanzen: Wir kennen *Mono*gamie und *Bi*gamie, aber dann kommt nicht etwa die *Tri*gamie – dieses Wort gibt es gar nicht –, sondern die numerisch vage *Poly*gamie, die *Viel*ehe: Bei den Partnerschaften beginnt das unbestimmte „Viele" schon nach der Zwei. Natürlich ist es nicht so, dass im Falle von „Eins, zwei, drei – ganz viele" nach der Drei plötzlich die Zahlwörter ausgehen. Aber die Drei drängelt sich bei allen Gelegenheiten so dreist nach vorne, dass diese Zahl – eigentlich eine makellos *präzise* Zahl, eine Zahl mit festen Konturen – sich gegen alle Vernunft zur *unbestimmten* Mengenangabe verflüchtigen kann. Im Sumerischen war *esch* das Wort für „drei" *und* „viel"; die Babylonier verbanden mit „drei“ die Bedeutungen „weit“, „üppig“, „groß“, „viel sein“; bei den germanischen Völkern trat „häufig für eine unbegrenzte Zahl von Geistern oder Dämonen die Dreizahl ein“[218]. Um die Dummheit eines Menschen ins rechte Licht zu rücken, sagen wir: „Er kann nicht bis drei zählen.“ Seneca (4 v. Chr.–65 n. Chr.) benutzte die Wendung: „Er kann keine drei Wörter zusammenhängend aussprechen.“[219] In diesen Sätzen ist „drei“ eine „Rundzahl“, d.h. eine Zahl, die nicht den wohlbestimmten Wert „drei“, sondern ein unbestimmtes „mehreres“ meint. Aber wie ist ausgerechnet die „kleine“ Drei dazu gekommen, „mehreres“ oder gar „vieles“ zu bedeuten?

Drei und Sieben sind singuläre Zahlen. Eine sakrale Verbindung der beiden findet sich auf dem babylonischen Felsenrelief von Malteja: Dort werden *dreimal* nacheinander dieselben *sieben* Götter dargestellt. Ganz unsakral, dafür sehr lebensnah, ist eine andere Drei-Sieben-Kombination: Die Anweisung, drei wohlbestimmte Handlungen je siebenmal zu tun, wenn man ein echter „Meenzer“ (Mainzer) werden möchte: 1. sieben Schoppen Wein – in Mainz! – zu trinken, 2. sieben „Handkäs mit Musik“ – in Mainz! – zu essen, 3. sieben Bootsfahrten auf dem Rhein – bei Mainz! – zu machen. Babylon ist auch in Mainz.

Von den Pythagoreern bis hin zu du Bartas hat man immer gerühmt, dass die Drei – wie alle *ungeraden* Zahlen – eine symmetriestiftende „Mitte“ hat. (Die „Mitte“ der Drei ist die Zwei, die der Fünf die Drei usw.) In du Bartas' Augen adelt es die Drei besonders, dass sie die *erste* Zahl mit einer „Mitte“, mit einer „Symmetrie“ ist. Man kann durchaus von einer *Urfreude* des Menschen an der Symmetrie reden: Dem Griechen ist die *symmetria* – die „Ausgewogenheit“, das „angemessene Verhältnis“ – ein Kennzeichen des Schönen *und* des Guten; moderne „Schönheitsforscher“ haben herausgefunden, dass ein symmetrisches Gesicht als besonders schön empfunden wird. (Das weiß unsereiner freilich auch ohne Forschung.) Einen starken Drang zur Symmetrie zeigen bereits die „Steinkreise“ der Altskandinavier, die Iglus der Eskimos mit ihren kreisförmigen Grundflächen und die streng rechtwinkligen Häuser der Siedlung Çatal Höyük (Anatolien) aus dem 8. Jahrtausend v. Chr. Die Symmetrie der Drei ist denn auch eine ihrer stärksten Reize. Überdies macht sie diese Zahl zu einer „Versöhnungszahl“: Die Drei löst dank ihrer „Mitte“ Widersprüche auf, die in der polaren Zwei angelegt sind. Paradigmatisch hierfür ist der „dritte Weg“ zwischen Sozialismus und Kapitalismus.

Eine prachtvolle Vereinigung geometrischer und arithmetischer Symmetrien im Medium der Drei ist das gleichseitige Dreieck. Es muss einmal ein Faszinosum ersten Ranges gewesen sein. Im alten Indien war es ein Göttersymbol, die Pythagoreer nannten es nach der Göttin Athene ehrfürchtig *Athena tritogeneia.*[220] In der Steinzeit diente das Dreieck als weibliches Geschlechtszeichen, das setzte sich fort bis zu den Griechen, und so avancierte das Dreieck – als ein beeindruckendes Kompositum aus Gebärkraft und Geometrie – zum „Urgrund des Werdens“.[221] Auch Christen haben dem Dreieck viel zugetraut: Das gleichseitige Dreieck war ein Bild der heiligen Dreifaltigkeit;[222] dreieckige Papierstücke an der Wiege schützten vor Hexen; malte man noch Kreuze in die Ecken, so hatte man ein wirksames Mittel gegen die Gicht: Viel mehr kann man von einem Dreieck nicht verlangen. Die Italiener nennen die einnehmende Symmetrie zwischen Mann, Frau und akkreditiertem Liebhaber „gleichseitiges Dreieck“; der Ton liegt auf „gleichseitig“ und ist gefälliger als unser bäurisches „Dreiecksverhältnis“.

Neben dem archetypischen Denken in Symmetrien gibt es das archetypische Denken in Minima. Seinen frühesten Ausdruck hat es im *Minimalprinzip der Zahlenmystik* gefunden: „Unter allen Zahlen mit einer gewissen Eigenschaft besitzt die erste (kleinste) diese Eigenschaft in höchstem Maß und besitzt so die höchste Kraft und Würde.“ Immer wieder hören wir, dass die Drei die *erste* ungerade Zahl und dazu noch die *erste* Zahl ist, die „Anfang, Mitte und Ende“ hat.[223] Zehn ist die *erste* Zahl, die ebensoviel Primzahlen (2, 3, 5, 7) wie Nicht-Primzahlen (4, 6, 8, 9) enthält. Und bei dieser Gelegenheit wird das *Minimalprinzip der Zahlenmystik* deutlich ausgesprochen: „Die Zehn hat als erste Zahl, die diese Eigenschaft hat, eine gewisse Vollendung.“[224]

Ein kurioses Minimalprinzip findet sich im Alten Testament (Dtn 21,1–9): Wenn ein Ermordeter auf freiem Feld gefunden wird und der Mörder nicht bekannt ist, sollen die Ältesten feststellen, welche der Städte der Umgebung dem Ermordeten *am nächsten* liegt. Die Ältesten dieser Stadt sollen eine junge Kuh aussuchen, die noch nicht zur Arbeit verwendet worden ist, und diese Kuh soll als Opfer dargebracht werden.

Die zahlenmystische Sympathie für Minima hat unvorhersehbare wissenschaftliche Folgen gehabt. Denn Minima spielen eine wichtige Rolle in der Natur. So ist etwa die „stabile Gleichgewichtslage“ eines Körpers die Lage *minimaler* potentieller Energie; das *Fermatsche Prinzip* besagt, dass (in einem brechenden Medium) ein Lichtstrahl von einem Punkt zu einem anderen in *minimaler* Zeit läuft. Aus diesem Prinzip ergeben sich das Brechungs- und Reflexionsgesetz, und zwar mittels der Differentialrechnung von Newton und Leibniz. Leibnizens bahnbrechende Arbeit zur Differentialrechnung trug das Denken in Minima schon im Titel: *Neue Methode der Maxima und Minima* (1684). Sehr schnell nach dieser Arbeit entstand eine neue Maxima-Minima-Rechnungsart, die „Variationsrechnung“, die zu einem Schlüsselverfahren der Physik wurde. Was hätten die alten Zahlenmystiker, denen die *kleinste* von allen Zahlen mit einer gewissen Eigenschaft als besonders potent vorkam – was hätten diese Visionäre wohl zu dem modernen physikalischen Denken in Minimalitäten gesagt? Was hätten sie zu dem folgenden Text gesagt, den Leonhard Euler (1707–1783), der „Shakespeare der Mathematik", 1744 niedergeschrieben hat?

Da nämlich der Plan des gesamten Universums der vollkommenste ist und von dem weisesten Schöpfer festgelegt worden ist, so geschieht nichts auf der Welt, dem nicht irgendein Verhältnis des Maximums oder Minimums zugrunde liegt. Deshalb kann weiter kein Zweifel bestehen, dass alle Wirkungen in der Welt aus den Endursachen [aus Zwecken, also teleologisch] mit Hilfe der Methode der Maxima und Minima gleich gut bestimmt werden können, wie [kausal] aus den bewirkenden Ursachen.[225]

Wie ein Pfau spreizt und plustert sich die Drei in zahllosen triadischen Gefügen. Für das Dasein in der Welt hat man die römische Dreierregel: „Ehrenhaft leben, den anderen nicht verletzen, jedem das Seine geben."[226] Für das Leben in der Ehe die dreigliedrige „Verkehrsordnung": „Vorfahrt achten, Abstand halten, auf alles gefasst sein!" Der Kölner findet das Proprium seiner Stadt in „Kölsch, Klüngel und Karneval". Die englische Formel des Egoismus ist „*Me, myself and I*". Superb ist das triadische Bramarbasieren des Werfelschen Obersten: „Schieße Kanonen, liebe Frauen, verteidige Ehre!"[227] – eine gelungene Kreuzung zwischen den beiden Basistriaden des westlichen Wertesystems: „Wein, Weib, Gesang" und „Blut, Schweiß und Tränen". Im Bildungsbürgertum fest und folgenlos verankert ist das „Gute, Wahre und Schöne"; im Politbürgertum fest und folgenlos verankert ist *Liberté, Egalité, Fraternité.* Goethes triadische Mahnung „Edel sei der Mensch, hilfreich und gut" hat Bischof Kamphaus am Pfingstsonntag 2002 ironisch modernisiert zu „Flexibel sei der Mensch, clever und cool". Den Deutschen versichert ihre

Nationalhymne trotzig, sie hätten, was sie nie hatten: „Einigkeit und Recht und Freiheit". Der DGB-Vorsitzende Sommer hat am 1. Mai 2003 seine hausgemachte Vision vom Klassengegensatz auf die gereimte Doppeltriade gebracht: „Die einen bluten, schwitzen und weinen, die anderen golfen, segeln und greinen."[228]

Niemand ist stärker daran interessiert, Aufmerksamkeit zu erregen und zu fesseln, als Werbetexter und Journalisten. Deshalb die vielen *drei*gliedrigen Slogans und Überschriften, oft noch alliterativ gepfeffert. Triaden dringen eben durch jede noch so harte Schädeldecke, Triaden prägen sich (triadisch gesagt) leicht, tief und dauerhaft ein. Mustergültig sind „Mars macht mobil" und „Actimel aktiviert Abwehrkräfte". Jeder kennt den brillanten VW-Slogan: „Er läuft und läuft und läuft"; heute wird dem polyglott gewordenen Michel ein Stärkungsgetränk mit den VW-Nachfolgeworten angepriesen: „*It keeps you going, and going, and going.*" Dreigliedrige Titel sind die Renner unter den Überschriften („Ei, Embryo und Ethik", „Müll, Macht und Moneten"), sie werden selbst dort noch aufgeboten, wo zweigliedrige ausgereicht hätten: Statt „Ruhe und Frieden" schreibt man „Ruhe, Frieden, Stabilität"; statt „Opfer und Täter in jeder Familie" heißt es „Opfer, Täter, Tote in jeder Familie". Auf die Droge Drei will seit Cäsars „*Veni, vidi, vici*" („Ich kam, ich sah, ich siegte") niemand mehr verzichten.

Es versteht sich, dass die Menschenführer auf Triaden setzen. Jesus hat sich sogar selbst als Triade gesehen: „Ich bin der Weg, die Wahrheit und das Leben" (Joh 14,6). Paulus postulierte „*Ein* Herr, *ein* Glaube, *eine* Taufe" (Eph 4,5). Die Nazis propagierten „*Ein* Volk, *ein* Reich, *ein* Führer". Sie kannten die Verführungskraft der Drei! Die deutsche Jugend sollte „zäh wie Leder, hart wie Kruppstahl, flink wie Windhunde" sein und ein Kampflied gegen „Börsen, Gauner und Schieber" singen. 1968 skandierten die deutschen Antiamerikaner triebhaft, töricht und triadisch „USA – SA – SS“. 2001 stand der Parteitag der Grünen unter dem adjektivischen Motto „Streitbar, offen, zukunftsfähig“, der Parteitag der SPD unter dem substantivischen Motto „Erneuerung, Verantwortung, Zusammenhalt“, das Treffen der CDU unter der Devise „Augenmaß, Ehrlichkeit, Brückenbau“. Die SPD sitzt unablässig wie eine erfolglos brütende Henne auf drei „unvergänglichen Werten“: Freiheit, Gerechtigkeit und Solidarität. Lee Jasper, ein britischer Farbiger, gab den Neuankömmlingen im rassistisch erregten Oldham die Dreierempfehlung: „Lass dich nicht mit einem weißen Mädchen sehen; gehe nicht in die weißen Stadtviertel; habe nichts zu tun mit der Polizei.“[229] Die britische Labour Party propagierte im Wahlkampf 2001 den Dreier „Starke Führung, Starkes Britannien, Starke Wirtschaft“. Freilich ist Labours „Potemkinsches Dorf“ an einem einzigen Tag „an drei[!] Ecken in Trümmer gefallen“ (FAZ vom 18.5.2001): 1. Der Innenminister wurde von den Polizisten ausgebuht. 2. Der Premier wurde von einer Wählerin angepöbelt. 3. Der Vizepremier wurde mit Eiern beworfen, verlor die Contenance und versetzte einem Demonstranten einen kapitalen Kinnhaken. *Democracy in action.* Am 11. September 2001 zerstörten Terroristen das World Trade Center: Botho Strauß sprach in einer hinreißenden Dreieralliteration von dem Schlag, der durch „alle Köpfe, Kassen und Kanäle ging“. Nach dem *Spiegel* vom 18.11.2002 ist die alliterierende Triade „tricksen, tarnen, täuschen“ das Schibboleth der Finanzminister. Nichts läuft ohne die Drei. Denn der Dreier bohrt sich ins Gehirn. Der alliterierende Dreier bohrt sich so tief hinein, dass er nur noch chirurgisch entfernt werden kann.

Die Rechtsradikalen skandieren den Antifaschisten eine Doppeltriade entgegen, die keine ist: „Ha, Ha, Ha, An-ti-fa!“ Inhalte spielen keine Rolle, bemerkte die FAZ vom 6.11.2000 zum Gebrüll der engagierten Jugend, „nur der Rhythmus zählt: Eins-zwei-drei, Eins-zwei-drei". Der Eins-zwei-drei-Rhythmus prägte auch den Schrei „Hass, Hass, Hass", der 1999 in Guben bei einer Ausländerhatz aus vielen Kehlen brach. Bei ihm kann man wie bei „Heil, Heil, Heil" und „Fakten, Fakten, Fakten" von *Bekräftigungs- oder Verstärkungsdreiern* sprechen. Goebbels hat sie gern eingesetzt: „[Wir] müssen stark, stark, stark werden." – „Nun heißt es rüsten, rüsten, rüsten."[230] Der zur äußersten Linken der Paulskirchen-Versammlung von 1848 gehörende Julius Fröbel rief emphatisch aus, die deutsche Nation verlange „Macht, Macht, Macht!".[231] Das Sprichwort weiß: „Für den Krieg braucht man dreierlei: Geld, Geld, Geld." Am 13. Juli 1917 hörten drei Mädchen in der Nähe von Fatima einen Engel rufen: „Buße, Buße, Buße!" (Der Engel trug ein Flammenschwert und schien es ernst zu meinen.) „Kämpfen, kämpfen, kämpfen" gilt unter selbst ernannten Experten als zuverlässiger Energizer; „Kämpfen, kämpfen, kämpfen" riefen also die Spitzenlinke Nahles und der Spitzengewerkschafter Sommer dem SPD-Wahlparteitag 2002 zu. Die populäre amerikanische Bekräftigungsformel folgt dem Schema „*A is A is A*" („*Coke is Coke is Coke*"). Am 15. April 2002 spottete Kanzler Schröder in diesem Duktus über den CDU-Generalsekretär Meyer: „Meyer ist Meyer ist Meyer. Den dürfen Sie nicht ernst nehmen." Das Sätzchen ist zu gut, es lässt sich nämlich zu jeder Zeit an jedem Ort auf jedes Menschenkind anwenden. Bei der Interpretation der Sonette *Novemberland* von Günter Grass am 11.10.2001 in Mainz gab sich Sigune von Osten redliche Mühe, Textfetzen durch Repetitionsplappern mit Tiefe anzureichern; das ergab Dreierhampeleien wie „Nuss-Nuss-Nuss", „Farbklecks-klecks-klecks" und „Lo-Lo-Loden". Die Sache war dürftig, dürftig, dürftig.

Der Verstärkungsdreier ist zeiten- und länderübergreifend. Wir finden ihn bereits in einem sumerischen Schöpfungsmythos: „In jener Zeit war nur ein einziger Baum da, es gab nur einen einzigen Baum, der Johannisbrotbaum war der einzige Baum.[232] Numerisch voll ausgereift tritt er in einer Komödie des Aristophanes auf:

DIONYSOS: Schwöre drauf!
XANTHIAS: Beim Zeus!
DIONYSOS: Noch mal!
XANTHIAS: Beim Zeus!
DIONYSOS: Zum drittenmal!
XANTHIAS: Beim Zeus![233]

Jetzt erst, nach dreimaligem „Beim Zeus", ist Dionysos zufrieden. Die Dreifachrepetition ist im modernen Japan so beliebt wie im alten Sumer und Hellas. Das japanische Signal für den Angriff auf Pearl Harbor 1941 war „Tora, Tora, Tora"; japanische Poltergeister ließen 1999 in einem Wohnviertel in Tomika ständig ein „Bam, Bam, Bam" ertönen. (Die Behörden weigerten sich, einen Medizinmann zu engagieren, der leicht hätte Abhilfe schaffen können; die Trennung von Staat und Kirche lasse das nicht zu.) Auch im alten Ägypten war die Dreierwiederholung *en vogue*, und man kann sich des Gefühls nicht erwehren, dass man im Pyramidenland gelegentlich des Guten zu viel getan hat. Der Magier Nephotes jedenfalls übermittelte dem Pharao Psammetich einen breit ausgewalzten Text zur Beschwörung des Sonnengottes und mutete dem Herrscher tatsächlich zu, die viel zu lange Piece *drei*mal hintereinander vorzutragen.[234]

Die Dreierusance wird gelegentlich durchbrochen – nur selten zwar, dann aber mit dramatischem Effekt. Das ereignete sich z. B. an einem Wendepunkt der deutschen Geschichte: im Finale Deutschland – Ungarn der Fußball-WM 1954. Kurz vor Ende der Spielzeit stand es 2:2 – da geschah, was unverlierbar in das Singen und Sagen der Deutschen eingegangen ist: Helmut Rahn kam aus der Tiefe des Raumes und setzte den „goldenen Schuss" ins ungarische

Tor. Und jäh brach aus der Kehle des Reporters Zimmermann (auch dieses Mannes gedenkt das Heldenlied), aus Zimmermanns Kehle also brach nicht der obligate Dreier „Tor! Tor! Tor!“, sondern der ausgeflippte *Vier*fachschrei „Tor! Tor! Tor! Tor!“ Erregung! Erregung pur!!

Parteikürzel sind meistens dreibuchstabig (CDU, SPD, FDP usw.). Nichts beweist schlagender die Macht der Drei als diese *Drei*gliedrigkeit, die ja beeindrucken und betören will und deshalb nicht selten erkünstelt wird. Die SPD müsste sich eigentlich SDPD (*S*ozial*d*emokratische *P*artei *D*eutschlands) nennen. Der „Bund der Antifaschisten“ sollte sich mit BA bezeichnen, kommt aber mittels des gehaltlosen „der“ glücklich zu einem Dreier: zu BdA. Auch andere Sozialgebilde legen sich gern – oft artifiziell! – *drei*gliedrige Kürzel zu. Die Gewerkschaft Erziehung und Wissenschaft nennt sich ganz richtig GEW, die Gewerkschaft Handel, Banken und Versicherungen aber nicht GHBV, sondern unter dem Druck der Drei HBV. Übel ist es dem Bundesverband des Deutschen Schuheinzelhandels ergangen. Er hat sich nicht viergliedrig BDSE genannt, sondern dreigliedrig BSE. Erst als die Rinderkrankheit BSE ausbrach, hat er sich seines Deutschtums erinnert und ist auf BDSE umgestiegen.[235]

Das bloße *Wort* „Drittes Reich“, das schon Joachim von Fiore im 12. Jahrhundert aufgebracht hatte, um nach dem ersten Reich des Vaters und dem zweiten des Sohnes das kommende Reich des Heiligen Geistes zu benennen – dieses Wort „Drittes Reich“ war ein gehirnlähmendes Sakralwort, das Moeller van den Bruck 1923 zum Titel seines fatalen Buches machte. Der Name bezog seinen Zauber aus zwei Faszinosa: aus der „Drei“ und aus einem „Reich“, das an das „Himmelreich“ ebenso erinnerte wie an das „Heilige römische Reich deutscher Nation“. Sogar in den Augen der nüchternen Briten war „Drittes Reich“ ein *dramatic name.*[236] Wie mächtig die Drei im Namen „Drittes Reich“ auf die Seele wirkt, zeigt die Bilderserie eines geistig erkrankten Malers um die Jahrtausendwende. Sie heißt: „Männer des 3.3.3. Reiches“.

An der Kraft der Drei nimmt auch die Neun (= 3×3 = „große Drei“) teil. Enea Silvio Piccolomini, ein Humanist, der 1442 von Kaiser Friedrich III. für seine erotischen Dichtungen zum „Poeta laureatus“ gekrönt und ungeachtet dieses Eroten-Ruhmes von dem Konklave des Jahres 1458 zum Papst Pius II. gewählt wurde – dieser hochgebildete Mann hielt große Stücke auf die Neun. Anscheinend hat ihn sein Vorname „Enea“ an das griechische Wort *ennea* („neun“) erinnert. Den päpstlichen Palast in seiner Heimatstadt Corsignano (später Pienza, „Piusstadt“) ließ er so anlegen: zum Garten hin ist er von der Drei bestimmt: es gibt *drei* Loggien, die Gartenmauer hat *drei* Rundbögen. Auf dem Domplatz herrscht die Neun: Er ist symmetrisch in *neun* Rechtecke aufgeteilt und in hoher astromystischer Bewusstheit so angelegt, dass an den Tag- und Nachtgleichen der Schatten der Domfassade um die Mittagsstunde genau diese neun Rechtecke ausfüllt.

Ein Steigern der Drei zur Neun findet in dem chinesischen *Kotau* (= „den Kopf schlagen“) statt: Wer vor dem Kaiser erscheinen durfte, warf sich *drei*mal vor ihm auf die Knie nieder und schlug bei jedem Kniefall *drei*mal den Kopf auf den Boden. Gefährdete Menschen und Tiere wurden in naturnahen Zeiten, die sich von solchen Operationen viel versprachen, neunmal durch das „Notfeuer“ getrieben. Das Heer der Engel besteht aus neun Ordnungen. Nach dem *Codex Justinianus* (3, 11, 7) mussten Prozessparteien ihre Beweismittel innerhalb von neun Monaten beibringen. Das Britische Imperium verehrte *nine worthies*, „neun Berühmtheiten“; sie sind so kunterbunt zusammengewürfelt, dass es ein Grausen und Gelächter ist: Hektor, Alexander, Cäsar, Josua, David, Judas

Makkabäus, Artus, Karl der Große, Gottfried von Bouillon. Ein piekfein gekleideter Engländer ist *dressed up to the nines*, ein tief in Schwierigkeiten steckender ist *in the nine holes*. In seinem romantischen Meisterwerk *Vita nuova* hat Dante die Neun in zärtlicher Zahlenmystik mit seiner geliebten Beatrice verbunden. „Diese Zahl" (die Neun), so Dante, „war sie selbst". Ein seltsamer Satz; der Dichter erläutert ihn mitten in aller Romantik so:

Die Zahl Drei ist die Wurzel der Neun, weil sie ... mit sich selbst vervielfacht neun ergibt, wie wir es ja ganz offenbar sehen, denn dreimal drei ist neun. Wenn daher die Drei für sich selbst der Schöpfer [*fattore*, Faktor] der Neun ist und so auch der Schöpfer der Wunder an sich die Drei ist, nämlich der Vater, der Sohn und der Heilige Geist, die da drei und eins sind, so ward dieses Weib von der Zahl Neun begleitet, auf dass verstanden werde, dass sie eine Neun, das heißt ein Wunder war, dessen Wurzel lediglich die wundertätige Dreieinigkeit sein kann.[237]

Es hätte Dante tief berührt, dass ausgerechnet die „heilige Acht" der Christenheit sich aufs Merkwürdigste mit seiner heiligen Beatrice-Neun verschränkt: $8 = 2^3$ und $9 = 3^2$ sind nämlich unter den Zahlen 1, 2, 3 ... die *einzigen* echten Potenzen, die *unmittelbar nebeneinander stehen*. Dies hatte 1844 der belgische Mathematiker Eugène Charles Catalan (1814–1894) vermutet, der rumänische Mathematiker Preda Mihailescu hat es 2002 bewiesen. Dem Zahlenmystiker gibt es mancherlei schräge Gedanken ein, dass das hochbedeutsame Paar 8, 9 genau in der Mitte des Todesjahres 1894 von Catalan steht.

Auch ein anderes Derivat der Drei, die Dreißig, spielt eine imposante Rolle. Dass eine „Generation" gerade 30 Jahre währt, hat uns nicht die Natur gesagt, es ist unsere Erfindung. Das „Traue keinem über Dreißig!" der 68er entsprang nicht der wissenschaftlichen Psychologie, sondern einer Pubertät, die partout nicht enden wollte. Satirisch schrieb ein Theaterkritiker in der FAZ vom 24.7.2001 über die „Generationenrolle“ der Theatermacher:

Mit wenig mehr Kennzeichen als einem Geburtsdatum (so um 1970 herum) versehen, machten sie aus ihrer Not, nichts zu sagen zu haben, die Tugend, ungefähr dreißig Jahre zu sein. Mit dieser Zahl (vorne drei, hinten null) bestritten sie wochenlang Debatten in den entsprechenden Feuilletons, unterstützt von entsprechenden Theaterkritikerrollenspielern. Oder gaben magische Interviews, in denen immer wieder diese Zahl (hinten null, vorne drei) umraunt wurde, als wohne ihr ein Zauber inne, der diejenigen zu einer Front zusammenschweißt, die sonst halt nur Individuen wären.

10 Die Eins – Zahl des Ursprungs und des Urgrunds

Eins ist der Urgrund von allem.

Philolaos (Pythagoreer, 5. Jahrhundert v. Chr.)

Neben dem „Drang zur Drei“ gibt es einen machtvollen „Drang zur Eins“. Denn die Eins steht für Ursprung und Urgrund, für Anfang und Herkunft, sie steht für die Wurzel des Lebensbaumes. Amun, der ägyptische Gott des Anfangs, ist vollendet ein-sam und ein-zig:

Der zuerst im Uranfang Entstandene, Amun der Erstentstandene, dessen Gestalt man nicht kennt. Kein Gott entstand vor ihm, kein anderer Gott war mit ihm zusammen, der seine Gestalten genannt hätte. Er hatte keine Mutter, nach der sein Name genannt werden konnte, er hatte keinen Vater, der ihn erzeugte und sagen konnte: „Das bin ich.“ Der sein Ei selbst bildete, eine Macht von geheimer Abkunft, der seine Schönheit selbst schuf, der göttliche Gott, der von selbst entstand.[238]

Der ägyptische Götter-Erschaffer Khepera ging höchst originell folgendermaßen zu Werke: Als erstes erschuf er *sich selbst*, und das tat er, indem er – der noch gar nicht war! – ein Wort murmelte, und dieses eine Wort war kein Abrakadabra, es war das Zahlwort Eins. In einem anderen Teil der Welt, in China, sah Laotse im 6. Jahrhundert v. Chr. mit dem Tiefsinn des Mystikers die innige Verbindung der Eins mit dem „Urgrund“: „Das Tao [Urgrund] gebar das Eine.“[239] Im Geiste

Kheperas hätte er auch sagen können: „Das Eine gebar den Urgrund." So etwa wird es siebenhundert Jahre später im Westen der mystische Plotin ausdrücken. (Gleich mehr davon.) Die Pythagoreer haben die Eins *Apollon* genannt, ihr also den Namen eines ihrer mächtigsten Götter gegeben.[240] Im 17. Jahrhundert sieht auch Leibniz den welterschaffenden Gott in der Eins, und zwar dank seines „dyadischen Systems", in dem alle Zahlen allein mittels der Ziffern 0 und 1 ausgedrückt werden können. Leibniz sah in seiner neuen Zahlennotation ein Gleichnis der „Schöpfung aus dem Nichts": 1 stand für Gott, 0 für das Nichts, und wie er, Leibniz, aus 1 und 0 alle Zahlen entstehen ließ, so brachte Gott alle Wesen aus dem Nichts hervor. Der Philosoph war von seinem Gedanken so angetan, dass er ihn brieflich dem chinesischen Kaiser K'angh-hsi vortrug, in der Hoffnung, den Monarchen für das Christentum zu erwärmen. Leibnizens Schöpfungsspekulation verschwand aber in einer Pekinger Schublade.[241]

Nichts um uns herum deutet darauf hin, die tausendfältige Welt sei aus einem einzigen Urstoff entstanden – und doch hat Thales von Milet ausgerechnet diesen extravaganten Gedanken gedacht und hat im Wasser, im ganz gewöhnlichen, ganz alltäglichen H_2 O, die eine Sub-stanz (das „Darunterstehende") gesehen, aus dem alles hervorgegangen sei. Seinem jüngeren Freund Anaximander war das Wasser als Ausgangsmaterie zu konkret, er imaginierte statt dessen einen – aber wieder nur einen *einzigen*! – Urstoff, dem er bewusst keine Qualitäten beilegte und den er bewusst abstrakt das „Unendliche" nannte: etwas wie eine paradoxe unstoffliche Stofflichkeit. Wenig später trat in Milet ein dritter „Physiologe", Anaximenes, auf, der die Lehre von dem einen Urstoff in neuer Ausgabe vortrug: Sein Grundelement war die Luft. Entscheidend ist, dass die drei Milesier alle an dem Gedanken festhielten, es gebe eine und nur eine welterzeugende, welttragende Sub-stanz. Ihre „Fundamentalzahl" war die des ägyptischen Khepera und die des chinesischen Laotse: die Eins. Mit einiger Verwegenheit und ein klein wenig Sprachmissbrauch kann man sagen, dass sie einen „physikochemischen Monotheismus" aufbrachten.

Die Griechen redeten nicht von „Urstoff" oder „Substanz", sie gebrauchten das Wort *arche* (mit Akzent auf dem *e*). Dieses Substantiv ist schillernd, es kann vieles bedeuten: Anfang, Ursprung, Ursache, Prinzip, Urstoff, Element – aber auch Herrschaft, Behörde, Obrigkeit. Alle diese Bedeutungen muss man zusammendenken, um die *arche* der Philosophen zu verstehen: Sie ist eine *regierende* Ur-sache, ein *herrscherlicher* Ur-stoff, sie „lenkt alles", wie Anaximander einmal gesagt hat.[242] Sie ist nicht nur *Stoff*, sie ist auch *Kraft*. Sie steht dem *logos* („Wort") nahe, der in den Eingangssätzen des Johannesevangeliums als das eine weltschöpferische Urprinzip auftritt: „Alle Dinge sind durch den *logos* gemacht."

Der Gedanke der *arche* ist kein „Gedanke" – er ist ein Traum, und man träumt ihn, weil es unsagbar befriedigend ist, das ganze Universum in seiner unendlichen Fülle aus einem einzigen Grund-Stoff – aus dem „Einen", aus der „Eins" – hervorgehen zu lassen. Das „Alles aus einem", das „eine Ur-Eine", ist so etwas wie ein Tranquilizer: Es beruhigt, stellt still. Man fragt eben nicht, warum es nur *einen* Grund-Stoff gibt, denn ein *Grund*-Stoff ist seiner Idee nach nur ein einziger. Bei zwei „Grund"-Stoffen könnte man der Frage nicht ausweichen, warum es nur zwei und nicht drei, vier, fünf Grundstoffe gibt? Warum nicht noch mehr? Gibt es überhaupt eine natürliche Schranke für die Anzahl der Grundstoffe? Wenn ja, wie groß ist sie? Alle diese Fragen kommen erst gar nicht hoch, wenn man weiß, dass es nur einen einzigen Grundstoff gibt. Es war ein enormer Fortschritt, als die Physiker und Chemiker des 20. Jahrhunderts die mehr als neunzig „Elemente" schließlich aus einigen wenigen „Elementarteilchen" aufbauen konnten. Niemand weiß bisher, ob diese Reduktion weitergehen wird.

Szenenwechsel: Unter dem Diktat der Eins wollte Heisenberg die Welt durch eine einzige „Weltformel" beschreiben, ist aber gescheitert. Noch einmal Szenenwechsel: Die Physik kennt vier Elementarkräfte (Gravitation, Elektromagnetismus, schwache und starke Kernkraft), und möchte diese vier aus einer einzigen Urkraft entspringen lassen, wie Thales die vielfältigen Materien aus einer einzigen Urmaterie hatte hervorgehen lassen. Sie hat auf diesem Weg schon bedeutende Fortschritte erzielt – ob sie ihn aber zu Ende gehen wird, kann niemand wissen. Immer noch ist die *Final Theory*, die „endgültige Theorie" der einen Urkraft, nichts als eine Vision, und vielleicht entpuppt sie sich eines Tages als Fata Morgana. Kein Geringerer als Einstein hat versucht, die Kräfte der Gravitation und des Elektromagnetismus unter das Dach einer einzigen Theorie zu bringen – und ist dabei ebenso gescheitert wie Heisenberg mit seiner „Weltformel". Aber der thaletische Drang zur Eins, zum „Alles aus einem", ist schlechthin übermächtig. Physiker und Mystiker ahnen gemeinsam hinter der Fülle der Erscheinungen die „Einheit des Seienden", sie ahnen, dass es mit der Welt stehen könnte wie mit dem Leuchter im Heiligtum: „Der Leuchter, sein Gestell und sein Schaft, seine Kelche, Knospen und Blüten waren aus *einem* Stück getrieben" (Ex 37,17).

Wie ein prägnantes Modell des „Alles aus einem" steht die Zahlenfolge 1, 2, 3, 4 ... vor uns, in der die eine Zahl Eins jede andere Zahl erzeugt. Schon Platon hatte statuiert, dass die Zahlen abgeleitet werden durch „Teilhabe" am „Einen", am *hen*; dieses *hen* hatte er in metaphysischer Überhöhung geradezu als eine real existierende Substanz angesehen.[243] Selbst dem trockenen Aristoteles erschien die Zeugungskraft der Eins so wunderbar, dass er meinte, man solle die Eins gar nicht als eine Zahl wie andere ansehen – sie falle nun einmal aus dem Rahmen und sei etwas sehr Besonderes.[244] Ganz ähnlich dachte man auch 1537 in Deutschland über die „Gebärerin“ der Zahlen: „Darauss verstehstu, das 1 kein Zal ist / sonder es ist ein gebererin / anfang / und fundament aller anderer zalen.“[245] Man gerät in ein melancholisches Grübeln über den Schneckengang des Geistes, wenn man sich vor Augen hält, dass erst im Jahre 1889 – 2400 Jahre nach Platon – der italienische Mathematiker Giuseppe Peano aus der längst bekannten Gebärkraft der Eins ein Axiomensystem für die Zahlen 1, 2, 3, 4 … gewonnen und so diesen „natürlichen Zahlen“ erstmals ein tragfähiges Fundament gegeben hat.

Der skurril-geniale Grieche Parmenides (etwa 540–480 v. Chr.) hat der Eins einen metaphysischen Triumph beschert, der seinesgleichen sucht. Der Mann hat das Bravourstück fertiggebracht, das zerstückelte, zerrissene, zerfaserte Sein der Welt zu einer kosmischen Eins zu komprimieren: zu einem kompakten, homogenen „Atom“ (griech. *atomos* = unzerschneidbar), zu etwas ohne Löcher, ohne Höhlen, ohne Poren, ohne Aus- und ohne Einbuchtungen. Die Seins-Eins dieses zupackenden Denkers ist eine perfekt runde, perfekt glatte, perfekt fugenlose Billardkugel. In dieser Sorte Sein gibt es natürlich keine „Bewegung“, denn „bewegen“ könnten sich nur Partikel, die kompakte Kugel des Parmenides aber hat keine.[246] Die famosen „Paradoxien“ seines Schülers Zenon („Der fliegende Pfeil ruht“, „Kein noch so schneller Sprinter kann eine kriechende Schildkröte einholen“ und was dergleichen Knallfrösche des Geistes mehr sind), diese Paradoxien sollten beweisen, dass „Bewegung“ noch nicht einmal *denkbar*, geschweige denn *wirklich* sei. Was bringt das Sein des Parmenides überhaupt zuwege? Eigentlich nichts: Es „ist“, es „istet“ – das ist's, das war's. Dieses Sein könnte über sich sagen, was Jahwe über sich gesagt hat: „Ich bin der ‚Ich-bin-da‘“ (Ex 3,14). Mit der Frage, was der ganze ontologische

Starrkrampf eigentlich soll, lässt uns der schreckliche Philosoph allein. Zurück bleibt einzig der Reiz der *Eins*, der narkotische Zauber des Monismus, der Charme des homogenen Einen, das niemand kennt und das vielleicht gar nicht existiert.

Parmenides tritt auch als fiktiver Hauptredner in Platons Dialog *Parmenides* auf, und ist dort nicht weniger bizarr als in seiner eigenen Philosophie. Das „Eins“ (*hen*) erlebt in diesem berühmten Dialog eine Serie metaphysischer Wechselbäder, auf die es nicht vorbereitet ist, und zwar unter Parmenides' eigenen Händen. Zuerst wird ihm bedeutet, es existiere gar nicht, dann wird ihm eingeredet, dass es war und ist und immer sein wird.[247] Eine solche ruppige Umkehrung der Gedankenführung lässt ahnen, dass man das Eine, die Eins, das *hen* schon früh als etwas tief Rätselhaftes empfunden hat. Mit Recht! Wie nämlich kann das Eine sich selbst überhaupt zusammenhalten? Wie kann ein „Teil“ des *hen* fest-haltend nach einem anderen „Teil“ greifen, wenn das *hen* gar keine „Teile“ hat? Das Problem ist besonders gravierend bei dem *hen* der Physik, dem „unteilbaren“, „unzerschneidbaren“ Atom Demokrits. Ein so großer Geist wie Newton (1642–1727) hat zwar den Atombegriff akzeptiert und benutzt, aber wie schwer er sich mit ihm, mit dem teil-losen „Einen“ tat, zeigen seine eigenen Worte, die aus dem unteilbar Einen ein geteiltes Untrennbares machen:

[Die alten Philosophen] meinten aber, dass die Atome massive Körper mit unterschiedlichen Gestalten seien, die nicht mathematisch, sondern nur physikalisch unteilbar sind. Nämlich jedes einzelne Atom bestehe aus zahllosen kleineren Teilen, welche aber nicht aufgrund einer Verbindung vereinigt sind, sondern fest und ohne Poren und Zwischenräume auf ewig dicht zusammengedrängt und so sehr verdichtet und zu einem massiven [Körper] zusammengefügt sind, dass sie von keiner Kraft der Natur voneinander losgerissen und getrennt werden können.[248]

Newtons Zeitgenosse und Gegenspieler Leibniz hat das „Atom" als etwas hoffnungslos Mysteriöses entschieden abgelehnt. Nichts ist eben geheimnisvoller als der innere Zusammenhang des teil-losen „Einen". Das „Eine", ausgerechnet das einfache „Eine", von dem man es am wenigstens erwartet hätte, ist ein großes Rätsel, vielleicht das größte. Man hat dieses teil-lose Eine denn auch immer in die Nähe der teillosen Gottheit gerückt und hat es als ein Symbol der Gottheit oder gar als Gottheit selbst aufgefasst. Philon von Alexandria schreibt: „Gott ist das Eine ... Er ist ein *hen* in dem Sinne, dass er einfach und unzusammengesetzt ist, während jeder von uns und alle anderen Geschöpfe aus vielen Dingen bestehen."[249]

Platons Bruder im Geiste, der Neuplatoniker Plotin (205–270), steigerte das *hen* in mystische Höhen hinauf, wo man es nicht leicht vermuten würde: Unter den Händen dieses Visionärs (er hatte mit eigenen Augen tatsächlich einmal seinen Schutzgeist gesehen[250]) wurde es zum höchsten Prinzip des Seins und zum höchsten Guten. Im Anfang, vor der chaotischen Fülle heterogener Dinge (so Plotin), muss etwas Homogenes, Unzusammengesetztes, „Ein-faches" gewesen sein (denn das „Ein-fache" bedarf keiner Erklärung – gerade das ist sein unwiderstehlicher metaphysischer Reiz –, nur das Zusammengesetzte verlangt eine solche; vom Zusammengesetzten möchte man gerne wissen, wann und wie und warum es zusammengesetzt wurde). Dieses „Einfache" muss anders sein als alles, was nach ihm kommt: Es kann nichts mit den Dingen zu tun haben, die es selbst erst noch hervorbringen wird. Nur so kann es überhaupt das erste Prinzip (*arche*) sein. Dieses „Einfache" ist „das Eins", das *hen*. Für das *hen* entwickelt Plotin etwas wie eine negative Theologie: Es hat keine Form, ist also kein partikuläres Objekt. Es ist jenseits aller Objekte, jenseits des Seins, man kann von ihm nur verneinend sagen: „Es ist nicht *dieses.*"[251] Dieser sonderbare Eins-Philosoph spielte in der Kosmosmystik des jungen Goethe eine bedeutende Rolle. Anerkennend schreibt der Dichter: „Man kann den Idealisten alter und neuer Zeit nicht verargen, wenn sie so lebhaft auf Beherzigung des Einen dringen, woher alles entspringt und worauf alles wieder zurückzuführen wäre.“[252] Man darf darüber aber nicht die Quacksalber aus den Augen verlieren, die immer das *eine* Wundermittel besessen haben. Im Politischen hat die Eins ihr Wesen in der Mon-archie, der Ein-Herrschaft, und – weitaus desaströser – in den ein-fältigen monokausalen Denkfiguren der Politscharlatane getrieben („Die Juden sind unser Unglück“, „Der Kapitalismus ist die Katastrophe“).

Ihren fulminantesten Triumph hat die Eins im Monotheismus gefeiert. Der Israelit bekennt: „Jahwe ist einzig.“ Der Muslim sagt mit gleichen Worten: „Allah ist der einzige Gott.“ Zeus kann in seinem von Göttern überlaufenen Olymp zwar nicht gut den Monotheisten geben, er kann aber seinen Mitgöttern unmissverständlich vor Augen halten, dass er allein das Sagen hat („Sprachs, da schwiegen sie alle und saßen in tiefem Verstummen“).[253] Den Kirchenvätern galt die Eins als Zahl der Vollkommenheit. Das lässt sich steigern: Es kann passieren – und passiert oft! –, dass die eine Eins mit dem einen Gott in Parallele gesetzt wird. Die Eins kann nicht zerfallen (weder additiv in Summanden noch multiplikativ in Faktoren). Und Gott zerfällt auch nicht. In der Mystik des alten Indiens erscheint die Eins als Symbol der Gottheit unter der bestechenden Signatur „der Eine ohne den Zweiten“. Für den Muslim hat es eine tiefe Bedeutung, dass der erste Buchstabe des Namens *Allah* auch der erste Buchstabe *alif* des arabischen Alphabets ist und so als Zahlenwert die zahlenzeugende Eins hat. Von dem Mystiker Valentin Weigel (1533–1588) hören wir: „Gott will ich vergleichen der ersten und die Kreatur den anderen Zahlen, darum dass Gott einig ist.“[254] Angelus Silesius (1624–1677) drückt die religiöse Eins-Faszination so aus:

> Die Zahlen alle gar sind aus dem Eins geflossen,
> Und die Geschöpf zumal aus Gott, dem Eins, entsprossen.[255]

Auch Rückert hat den Gotteszauber der Eins zu Poesie gerinnen lassen:

> So wahr als aus der Eins die Zahlenreihe fließt.
> So wahr aus *einem* Keim des Baumes Krone sprießt.
> So wahr erkennest du, dass der ist einzig einer,
> Aus welchem alles ist, und gleich ihm ewig keiner.[256]

Die Eins und die Einheit sind mitsamt ihrer Magie immer bei uns. Die eheliche Bindung von Mann und Frau beschreibt das Alte Testament mit dem kräftigen Satz: „Die beiden werden *ein* Fleisch" (Gen 2,24). Paulus verkündet die Einheit der Christengemeinde mit den Worten: „Hier ist nicht Jude noch Grieche, hier ist nicht Sklave noch Freier, hier ist nicht Mann noch Frau; denn ihr seid allesamt *einer* in Christus Jesus" (Gal 3,28). Der innigste Wunsch des Mystikers ist das *Eins*-Werden mit der Gottheit: die *unio mystica*. Plotin soll sage und schreibe viermal zu ihr entrückt worden sein.[257] Visionär sieht dieser Gottesdenker, wie die unendliche Fülle der Dinge sich verschränkt und verfugt und verbindet zu einem einzigen großen *Ganzen*: das Universum ist ihm eine „All-Einheit", ein „Eins und alles" (*hen kai pan*). Im Geist der Einheit ruft Hölderlins Hyperion aus: „Ein einiges, ewiges, glühendes Leben ist alles."[258]

Eins ist die *erste* Zahl der Zahlenreihe. Seit eh und je hat man denn auch dem *Ersten* einen hervorgehobenen Rang zugewiesen. Die ägyptische Kosmogonie nennt den Augenblick der Weltschöpfung tiefsinnig „das erste Mal". Bis zur Sprichwörtlichkeit bekannt ist die Episode, da Esau sein *Erst*geburtsrecht für ein Linsengericht verkauft (Gen 25,29ff.) Bis vor kurzem war es gesichertes Männerwissen, dass eine Frau nie ihr *erstes* sexuelles Erlebnis vergessen könne (auch nicht das daran beteiligte Mannsbild, was dem männlichen Selbstwertgefühl immer sehr geschmeichelt hat). Man kennt Hiroshima als *erstes* Opfer der Atombombe, das *zweite*, Nagasaki, wird kaum erwähnt. Am 29. Mai 1953 gelangten Hillary und sein Scherpa Tensing als erste Menschen auf den Gipfel des Mount Everest. Genau fünfzig Jahre später würdigte der Leitartikel der FAZ diese Tat und schloss mit den Worten: „Hillary und Tensing werden für immer die Ersten sein." Von öffentlichem Interesse war gegen Ende des Jahres 2001 die Frage, was der Bundeskanzler wohl mit seinem *ersten* Euro machen werde. Schröder gab die Antwort, die auch der heilige Martin gegeben hätte: „Der erste Bettler, der mir am 1. Januar 2002 in Hannover begegnet und mich fragt: ‚He, Alter, hasse mal 'nen Euro?', bekommt meinen ersten Euro."[259]

11 „3 = 1" – Heilige Dreieinigkeit

Die Dreieinigkeit allein ist es ja, die jedes Begreifen nicht nur im Sinne des Zeitlichen, sondern auch des Ewigen übersteigt.

Origenes (Kirchenvater, etwa 185–254)

Die Drei ist eine gewaltige und gewalttätige Zahl. Zu einer Sprengkraft ohnegleichen sollte sie es in einem Mysterium bringen, das ihr eigentliches, eigenstes und abgründigstes wurde und dem sie sogar ihren Namen gegeben hat: im Trinitätsmysterium.

Trinitas, „Trinität" heißt zunächst ganz profan „Dreizahl", „Dreiheit" in einem alltäglichen Sinn; man könnte also, wenn man wollte, durchaus von einer Trinität von Äpfeln, Brötchen oder Socken reden. Entsprechend Profanes gilt für das griechische Wort *trias* (= Dreizahl, Dreiheit). Aber langsam wurde im christlichen Denken aus der numerischen Dreiheit die „heilige Dreiheit", aus der *trinitas* die *sancta trinitas*, aus der *trias* die *hagia trias*. Die aber war etwas ganz anderes als eine Allerweltsdreiheit – sie war eine geheimnisvolle „*Einheit* der Dreiheit" (*unitas trinitatis*[260]), eine „Drei*einig*keit". *Sancta trinitas, hagia trias* – diese Sakralworte stehen für die Vision, der kompakte Gott Israels bestünde aus *drei* unterscheidbaren „Personen": Vater, Sohn und Heiliger Geist, die nun aber trotz aller Unterscheidbarkeit eben doch *un*unterscheidbar seien. Ein Glaubensbekenntnis aus dem 5./6. Jahrhundert sagt es so: „Drei, weder vereinigt noch geteilt, sondern sowohl unterschieden verbunden als auch verbunden unterschieden ... Sie sind auf solche Weise eins, dass wir nicht zweifeln, dass sie auch drei sind; sie sind auf solche Weise drei, dass wir bekennen, dass sie nicht voneinander getrennt werden können."[261] Es ging also um die Einheit in der Dreiheit, um die Dreiheit in der Einheit, es ging um die Gleichungen 3 = 1 und 1 = 3. Leicht begreiflich war das nicht, und dem gelehrten Kirchenvater Origenes (etwa 185–254) war diese Sorte Trinität denn auch das Mysterium der Mysterien.[262] Wie aber konnte das passieren: dass die Gottheit als „Einheit in der Dreiheit und Dreiheit in der Einheit"[263] imaginiert wurde? Mit dieser Frage geraten wir in eine der großen Bataillen des Geistes: in das Ringen des Ur-Faszinosums „Eins" mit dem Ur-Faszinosum „Drei".

Was der Feuerkopf aus Nazareth zu seinen Lebzeiten über sich selbst sagte oder ungerügt sagen ließ, verschlug den guten Leuten in Galiläa den Atem und musste blinde Feindschaft oder blinde Gefolgschaft erwecken, ein Drittes gab es hier nicht. Aus seinem Munde kamen Pronunziamentos, denen Bescheidenheit nicht anzumerken war, etwa: „Ihr sagt zu mir Meister und Herr, und ihr nennt mich mit Recht so, denn ich bin es"(Joh 13,13). Petrus versichert ihm: „Du bist der Sohn des lebendigen Gottes", und der junge Zimmermann lässt sich das gefallen und bestätigt es bei anderer Gelegenheit selbst („Ich bin es").[264] Man kann Rabbiner nicht besser bis aufs Blut reizen. Ich will noch ein scharfkantiges Aperçu anführen, ein Wort der Verheißung und Drohung, das die frühe Christenheit tief geprägt hat: „Jeder, der sich zu mir bekennt vor den Menschen, zu dem will auch ich mich bekennen vor meinem Vater im Himmel; wer mich verleugnet vor den Menschen, den will auch ich verleugnen vor meinem Vater im Himmel" (Mt 10. 32f.). Dieser Galiläer, der „Ich" sagt wie kein anderer („*Ich* aber sage euch!"), fordert mit Härte das unbedingte, uneingeschränkte Bekenntnis (griech. *martyrion*) zu seiner Person.

„Er predigte gewaltig und nicht wie die Schriftgelehrten", nicht wie einer dieser „Narren und Blinden"[265] – man lese nur seine schneidende Schwefel-und-Feuer-Rede gegen die Neunmalklugen und Pharisäer (Mt 23). Dieser Mann, von dem „eine Kraft ausging" (Mk 5,30), der die Händler mit Peitschenhieben aus dem Tempel trieb, diese Verkörperung einer ins Un-heimliche reichenden Autorität und Willenskraft, der neueste Vulkan im Land vulkanischer Propheten – dieser Sprengstoff und Sprengmeister ist die alles überwältigende Figur im Kreise seines demütigen Gefolges, er ist der HERR. „Ist es nicht merkwürdig", schreibt Albert Schweitzer wenige Tage vor seinem neunundzwanzigsten Geburtstag in einem Brief, „ist es nicht merkwürdig, dass diese große Gestalt uns alle unterjocht und in Ketten gelegt hat? Manchmal denke ich an Revolte ... Ja, er hat uns Kräfte gegeben, aber er hat uns auch welche genommen! Er hat uns unsere Persönlichkeit genommen; aus freien Menschen hat er uns zu Sklaven gemacht!"[266]

Die Jünger verkünden die „gute Nachricht [*euangelion*, Evangelium] von Jesus, dem Herrn", und ermahnen die Neubekehrten, „dem Herrn [Jesus] treu zu bleiben". Schon diese wenigen Worte der *Apostelgeschichte* (11,20.23) werfen ein helles Licht auf die mentale Verfassung der neuen Bewegung: Sie ist bis ins 3. Jahrhundert hinein extrem *jesuszentriert*. Das Bekenntnis der frühen Christen ist ein Bekenntnis zu diesem singulären Mann: „Jesus Christus ist der Herr" (Phil 2,11). Eusebios (4. Jahrhundert), der Bischof von Cäsarea, Schützling Konstantins des Großen, Verfasser einer heute noch gelesenen *Kirchengeschichte*, kennt vor dem Konzil von Nizäa (325) den Missionsbefehl Jesu („Gehet hin und machet zu Jüngern alle Völker: Taufet sie auf den Namen des Vaters und des Sohnes und des heiligen Geistes und lehret sie halten alles, was ich euch befohlen habe") nicht in dieser Fassung (Mt 28,19f.), in der neben Jesus auch Gott und der Heilige Geist figurieren, er kennt ihn nur in der streng jesuszentrierten Form: „Gehet hin und unterweiset alle Völker *in meinem Namen*, und lehret sie alle *meine* Gebote halten.“[267] Man nennt denn auch die Anhänger des *Christos* folgerichtig „Christen“,[268] man kann sie gar nicht anders nennen, denn sie sind *totaliter* auf den einen Christus eingeschworen, und sie selbst bekennen sich vor den römischen Behörden als „Christen“ mit ihrem ersten und einfachsten „Glaubensbekenntnis“: „Ich bin Christ“ (*christianus sum*).[269] Sie kommen regelmäßig zusammen, um ihres *Kyrios* („Herrn“) zu gedenken und „ihm zu Ehren, *wie zu einem Gott*, ein Lied zu singen“ (so Plinius der Jüngere um 110).[270]

Die radikale und totale Christusfixierung musste sich vor allem bei dem Ritual der Aufnahme in die neue Gemeinde zeigen: bei der Taufe. In den ersten Zeiten des Christentums wurde denn auch mit strenger Konsequenz auf den Namen Jesu Christi – *und nur auf ihn* – getauft. Paulus spricht kommentarlos, als verstünde sich die Sache von selbst, von denen, die „auf Christus getauft“ sind;[271] die Apostelgeschichte ermahnt im gleichen Ton des Selbstverständlichen zur Taufe „auf den Namen Jesu Christi“.[272] Vor der Taufe mochte ein kurzes Bekenntnis, ein jesuszentriertes, gesprochen werden, etwa das des Paulus: „Jesus Christus ist der Herr.“

Auf Dauer konnte es freilich nicht bei dem extrem christozentrischen Taufbekenntnis bleiben, denn die Gemeinde Christi begriff sich ja auch als „Gemeinde Gottes“, sogar in einem emphatischen Sinn: Sie war der von Gott erwählte „heilige Rest“, der das kurz bevorstehende Weltgericht allein heil überstehen sollte. Auch dem Täufling musste deutlich gemacht werden, dass die Gemeinde Christi nicht gott-los sei, wie die Juden insinuierten (Mt 26,65). Und hatte denn nicht Jesus selbst ständig aufs Feurigste von Gott gesprochen? Auch den Heiden musste man zeigen, dass man über mindestens einen gut eingeführten Gott verfügte, andernfalls wäre der

Missionsbetrieb rasch ins Stocken geraten. Dass die Christen mit einem veritablen Gott aufwarten konnten, verstand sich aber in heidnischen Kreisen nicht von selbst; noch der heilige Justinos (etwa 100–165) hatte den Vorwurf zu entkräften, die Christen seien Atheisten.[273] In der Taufformel als dem grundlegenden *symbolon* (= Merkmal) musste also dem Namen des Gemeindegründers auch noch der Name Gottes hinzugefügt werden.[274] Eine bloß „additiv" zweigliedrige Taufformel – eine Taufe also auf „den Namen Jesu Christi" *und* (unverbunden hinzugesetzt) „den Namen Gottes" – lässt sich für das frühe Christentum jedoch nicht belegen.[275] Zwei so mächtige Gestalten wie Jesus und Jahwe ließen sich eben nicht unverbunden auf zwei getrennten Podesten nebeneinander stellen. Als innere Bindung der beiden *kyrioi* („Herren") konnte jene Eigenschaft Jesu dienen, die den Juden die entsetzlichste Gotteslästerung, den Christen aber die intimste Gottesnähe war: die Gottessohnschaft. Der Gemeinde war die Sache schon lange bekannt und keineswegs anstößig. Bereits die ersten Jünger hatten in Jesus den „Sohn des lebendigen Gottes" erkannt,[276] und man wusste, dass der Messias sich vor dem jüdischen Untersuchungsausschuss bereitwillig zu seiner Gottessohnschaft bekannt hatte – was amtlicherseits mit heftiger Empörung quittiert worden war („Da zerriss der Hohepriester sein Gewand").[277] Eine unerträgliche Gotteslästerung! Ein Gott, der in einem irdischen Weibe ein Kind zeugt – der Gott der Juden gar, der nie und nimmer und nirgendwo auf Beischlaf erpicht ist. Freilich mochte es sein, dass der undenkbare Gedanke eines Kinder zeugenden Gottes den Landsleuten Jesu durch den starken griechischen Bevölkerungsanteil Galiläas bekannt geworden war; Tiberias am See Genezareth war eine durch und durch hellenistische Stadt, um die ein frommer Jude denn auch einen großen Bogen machte. Den Griechen waren Göttersöhne, gezeugt mit Menschenfrauen, eine geläufige Sache; insbesondere hatte Zeus es in diesem

Fach weit gebracht und galt als ausnehmend leistungsstarker und fintenreicher Zeuger. Noch um 150 zog der heilige Justinos ungeniert die „Söhne des Zeus", insbesondere den von der jungfräulichen Danaë geborenen Perseus, heran, um den Heiden die Gottessohnschaft Jesu und dessen Jungfrauengeburt akzeptabel zu machen.[278] Die Juden aber waren keine Griechen, ihnen war eine „Gottessohnschaft" schlechterdings unerträglich: Die Juden wollten Jesus töten, weil er „Gott seinen Vater nannte und sich damit Gott gleichstellte" (Joh 5,18). Gerade diese Erhöhung Jesu zu einem Gott – und das ist nun der entscheidende Punkt – verursachte den Christen keine Beschwer, sie konnten den *kyrios* aus Galiläa durchaus neben den *kyrios* im Himmel platzieren, weil er eben eine so übermächtige, so überwältigende, so ganz und gar „göttliche" Persönlichkeit war. Der „Doppelglaube" an Gott den Vater und an seinen Sohn Jesus Christus, der „Doppelglaube" an die beiden „Herren", die beiden *kyrioi*, ist vor allem Trinitarismus der eigentlich urchristliche.[279] Aber dieser „Doppelglaube" bedeutete zweifellos „Zweigötterei"; der Zusatzgott Jesus war der Bruch mit dem jüdischen Monotheismus, der doch der Mutterboden des Christentums war. Die junge Sekte sah sich in der fatalen Lage, eine Zweigötterei zu praktizieren, die sie unter dem Dach ihrer monotheistischen Tradition gar nicht praktizieren durfte und auch nicht praktizieren wollte.

Es kam hinzu, dass die *Zwei*götterei auch deshalb in schlechtem Geruch stand, weil die *Zwei* spätestens seit den Pythagoreern verrufen war. Jesus selbst hatte gesagt, niemand könne zwei Herren dienen (Mt 6,24), und jetzt sollte man auf einmal zwei *kyrioi* anerkennen. Der Jakobusbrief spricht von dem „Mann mit zwei Seelen"; so einer sei „unbeständig auf all seinen Wegen" (Jak 1,8). Den Kirchenvätern galt die Zwei als Zahl des Bösen, der Unreinheit, Sünde und Zwietracht, weil sie über die Zahl der Vollkommenheit, die Eins, hinausstrebt;

schon die frühen Christen werden so empfunden haben. Vor allem stand man vor dem Dilemma, den Vorwurf der Zweigötterei entkräften zu müssen, ohne den zweiten Gott preiszugeben. Die Lösung, die keine war, fand man schließlich in der desperaten Operation, zwei Gottheiten zu einem einzigen Gott zusammenzuschmelzen, in dieser Schmelze aber dem *kyrios* Jahwe und dem *kyrios* Jesus individuelle Kenntlichkeit zu belassen. Genau dies aber ist die christliche Ur-Revolution, und erst mit ihr mutiert die neue jüdische Bewegung zu einer neuen nichtjüdischen Religion. Ihr Gründungsakt ist jenes Elementarereignis, das die mächtige Persönlichkeit des Nazareners einige Anhänger den Kopf verlieren und ausrufen ließ: „Du bist Gottes Sohn“ (Mt 14,33).

Und doch ging es bei Jesu Aufstieg zum Gott nicht ohne Stürme und Gewitter ab. Denn kaum hatte die Gottwerdung angefangen, intervenierte schon der Monotheismus – vielleicht sollte man besser sagen: Es intervenierte eine *Zahl*, aufgeladen mit jener magischen Kraft, die dem Monotheismus erst seine enorme Motorik gibt: die Eins, die mystisch-mächtige, weltweit operierende Zahl des Ursprungs und Urgrunds, die Zahl des ägyptischen Khepera, des jüdischen Jahwe, des chinesischen Laotse, des milesischen Thales und des hellenistischen Plotin. Der Monotheismus konnte nun einmal nicht akzeptieren, dass es mit Vater und Sohn *zwei* Götter gebe. Jesus selbst hatte, um dem Dilemma zu entgehen, ausdrücklich sein *Eins-sein* mit dem Vater bekundet: „Ich und der Vater sind eins“ (Joh 10,30). Fatalerweise hatte er aber auch an anderer Stelle gesagt: „Der Vater ist größer als ich“ (Joh 14,28). Der *kyrios* selbst hatte seine Anhänger in eine missliche Lage manövriert: Entweder mussten sie gegen die Logik *zwei verschiedene* Personen – Vater und Sohn – als *identisch* ansehen, um den Monotheismus zu retten, oder sie mussten, gegen den Monotheismus, *zwei verschiedene* Götter – Vater und Sohn – zur Anbetung freigeben.

Der Monotheismus im Christentum wehrte sich, so gut er konnte, gegen die heraufziehende Zweigötterei. In der renommierten frühchristlichen Schrift *Hirte des Hermas* (1. Hälfte des 2. Jahrhunderts) lesen wir die eindringliche Mahnung: „Zuallererst glaube: *Einer ist Gott*, der das All geschaffen und errichtet hat, der aus dem Nichtseienden das All gemacht hat, dass es sei, der alles umfasst, allein aber unfassbar ist."[280] Das angebliche Gottestum des Gottessohns schafft sich Hermas dadurch vom Hals, dass er im Sohn fallweise den (noch nicht vergöttlichten) Heiligen Geist oder den herrlichsten der Engel sieht.[281]

Gegen Ende des 2. Jahrhunderts trat eine christliche Gruppierung auf, die sich entschieden dem Gottestum des Sohnes widersetzte. Ihre Anhänger, unter ihnen bedeutende Bischöfe, vertraten wie der *Hirte des Hermas* die *monarchia*, die absolute Alleinherrschaft Gottes; ihre Bewegung hieß „Monarchianismus". Der angeblichen Göttlichkeit des Sohnes entledigten sie sich auf zwei Arten: Die einen sahen im Sohn einen bloßen Menschen, freilich ein Spitzenexemplar, die anderen meinten, „Vater" und „Sohn" seien verschiedene Erscheinungsformen des einen Gottes, so wie wir heute „Welle" und „Korpuskel" als verschiedene Erscheinungsformen der einen Entität „Licht" ansehen.

Und doch: Die Gottwerdung des jungen Galiläers glückte schließlich. Mit ihr trat die *Doppel*gottheit Vater/Sohn an die Stelle des einen Jahwe. Und es war nun diese *Doppel*gottheit, die als entscheidende Schwächung des Monotheismus der *trinitas* (= Drei) überhaupt erst die Chance gab, sich in Stellung zu bringen; *sie* erst machte vermöge ihres Durchbruchs durch die monotheistische Front den Weg frei für die *Dreifach*gottheit Vater/Sohn/Heiliger Geist. Die Doppelgottheit verdankt sich der unbändigen „göttlichen" Kraft des Galiläers, die nachfolgende Dreifachgottheit verdankt sich dem Sog der Drei in einer dreiersüchtigen Welt. Im Folgenden geht es um die Erfindung des Tritheismus im Tarnanzug des Monotheismus.

Wir kennen den Drang von der Zwei hin zur Drei schon aus der Welt der heidnischen Göttertriaden und aus der Darstellung des heiligen Martin (mit *zwei* Bettlern) im Mainzer Dom. Wir wissen, dass Aristoteles gesagt hat: „Die Dreiheit ist die Zahl des Ganzen, denn sie umschließt Anfang, Mitte und Ende. Darum wenden wir diese Zahl auch bei den Kultbegehungen an."[282] Bei diesen „Kultbegehungen" sind die *Reinigungszeremonien*, die heidnischen Parallelen zur christlichen Taufe, von supremer Bedeutung, und gerade sie werden durch die Drei strukturiert. Medea, die Fachfrau fürs Magische, gießt sich *drei*mal Wasser aufs Haupt, bevor sie sich betend an Hekate wendet; *drei*mal reinigt sie den Aeson mit Feuer, *drei*mal mit Wasser, *drei*mal mit Schwefel.[283] Korynaeus umschreitet *drei*mal die Freunde und besprengt sie dabei *drei*mal mit entsühnendem Wasser.[284] Horaz weiß von kräftigen Mitteln gegen den Ehrgeiz: „Sie können dir helfen, so du *dreimal* dich reinigst, *dreimal* die Schrift liesest."[285] Und nun muss man sich beharrlich vor Augen halten, dass die Christen in einer durch und durch griechisch geprägten Welt lebten. Diese Welt war viel stärker gräzisiert, als die heutige amerikanisiert ist. Die Christen atmeten die umgebende hellenische Geistesatmosphäre so selbstverständlich ein wie die umgebende Luft. Jesus wusste, warum er seine Anhänger inständig vor dem Treiben der *ethnikoi* (Ausländer) warnte.

Das Einfallstor für den christlichen Tritheismus (der sich aber zäh als Monotheismus ausgab) war die Taufe. Sie konnte einerseits nicht dem „abstrakten" Sog der Drei, andererseits nicht der „konkreten" Herrschaft der Drei im heidnischen Ritus widerstehen. Überall in der heidnischen Umgebung war die Drei als „theologische Zahl" sichtbar, von den Dreierstatuen der kapitolinischen Schutzgötter Jupiter, Juno und Minerva bis hin zu den Dreifachreinigungen à la Medea. Wenn das christliche Taufritual nicht etwas eindruckslos Kurzes sein sollte – einmaliges Eintauchen des Täuflings in Wasser oder einmaliges Besprengen seines Kopfes, begleitet von der knappen Formel: „Ich taufe dich auf den Namen Jesu Christi" –, wenn das Taufritual also nicht so ärmlich *ein*gliedrig sein sollte, dann blieb ihm wegen des mächtigen *three-determinism* nichts anderes übrig, als *drei*gliedrig zu sein: *drei*faches Eintauchen des Täuflings oder *drei*fache Bewässerung seines Kopfes. Dann aber musste natürlich auch eine *drei*gliedrige Wortformel die *drei*fache Wasseroperation begleiten, eine Formel, die *drei verschiedene* Personen benennen musste, auf die getauft wird, *eine* bei jedem Eintauchen bzw. Besprengen. *Drei* Personen mussten es sein, weil man nicht ohne gotteslästerliche Monotonie *drei*mal ein und denselben Namen „Christus" aufsagen konnte, und schon gar nicht konnte man in hässlicher Asymmetrie *zwei*mal „Christus" und *ein*mal „Gott" oder *ein*mal „Christus" und *zwei*mal „Gott" sagen. Eine *dritte* Person neben Vater und Sohn war also vonnöten, und als eine solche wählte die Gemeinde den Heiligen Geist. Sie wählte ihn, weil sie nichts anderes hatte. Er füllte die liturgisch ungeeignete Dyade Vater/Sohn zu einer der Taufpraxis angemessenen Triade auf. (Gleich mehr davon.) So kam es schließlich zu dem Taufbefehl in Mt 28,19: „Taufet alle Völker auf den Namen des Vaters und des Sohnes und des Heiligen Geistes." Die triadische Taufformel – und damit auch das triadische Taufbekenntnis: „Ich glaube an den Vater, den Sohn und den Heiligen Geist" – diese Triadik ist unter dem Drang zur Drei aus dem liturgischen Alltag der frühen Gemeinde hervorgewachsen und ist ganz ohne theologisches Finassieren das Fundament des christlichen Glaubens geworden. Bei den frühchristlichen Trinitätsdiskussionen werden wir immer wieder der dreigliedrigen Taufformel und dem dreigliedrigen Taufbekenntnis als der eigentlichen

Trinitätsquelle begegnen. Das Christentum, das wir kennen, ist nicht in der Krippe, sondern im Taufbecken zur Welt gekommen.

Die Dreierformel Vater/Sohn/Geist wurde gegen Ende des 1. Jahrhunderts in der Christenheit immer mehr die allgemeine. In der *Didache*, der „Apostellehre“ aus der ersten Hälfte des 2. Jahrhunderts, lesen wir:

Tauft auf den Namen des Vaters und des Sohnes und des Heiligen Geistes in lebendigem [fließendem] Wasser! Wenn dir aber lebendiges Wasser nicht zur Verfügung steht, taufe in anderem Wasser! Wenn du es aber nicht in kaltem kannst, dann in warmem![286] Wenn dir aber beides nicht zur Verfügung steht, gieße dreimal Wasser auf den Kopf im Namen des Vaters und des Sohnes und des Heiligen Geistes![287]

Es ist der Dominanz der Drei im Heidentum zu danken, dass „die ganze Liturgie der Taufe beherrscht wird von der Dreizahl“[288]. Die Taufpraxis nach Mt 28,19 ist eine Frucht des antiken Ritus. Hinter Matthäus steht Medea. Und so ist es denn auch der Macht der Heiden-Drei zu danken, dass aus dem urchristlichen *Zweier*glauben an Vater und Sohn via Taufe der *Dreier*glaube an Vater, Sohn und Geist geworden ist.

Das Neue Testament kennt noch keine Trinitätslehre. Paulus meint sogar, die Trias Vater/Sohn/Geist werde einmal vergehen: Am Ende der Tage wird Christus das Reich dem Vater wieder zurückgeben und wird dann „selbst untertan sein dem, der ihm alles unterworfen hat, *damit Gott sei alles in allem*“ (1 Kor 15,23–28). Die Eins überwindet bei Paulus die Drei!

Es ist jetzt an der Zeit, vom Heiligen Geist zu reden. Er ist in der Geschichte des Denkens das grandioseste Beispiel für ein bloßes Füllsel im Dienste der Drei. Man schätzte ihn wenig, wusste eigentlich nichts mit ihm anzufangen – aber schließlich griff man nach ihm, um die Dyade Vater/Sohn mit Anstand auszugestalten zu einer Triade.

Wir haben die Auffüllung einer Zweiheit zu einer Dreiheit u. a. schon bei dem Heilgötterduo Asklepios und Hygieia studiert, das durch den wenig reputierlichen Telesphoros zu einer Trias gemacht wurde. Mit dem Heiligen Geist stand es ähnlich wie mit Telesphoros: Er gehörte eigentlich nicht in die gute Gesellschaft von Vater und Sohn, weil er es in Sachen Personhaftigkeit mit diesen beiden nicht aufnehmen konnte; er litt, wie spätere Theologen ohne Respekt gesagt haben, an „notorischer Wesenlosigkeit".[289] Das peinlich Un-persönliche des Heiligen Geistes verriet sich schon dadurch, dass er im Neuen Testaments mit einem Wort *sächlichen* Geschlechts – *pneuma* – genannt wird; den Heiligen Geist sollte man im Deutschen „das heilig Geistige" nennen.[290] Bei der Gemeinde in der Weltstadt Ephesus, wo alle Spatzen zu allen Zeiten alles Pfeifbare von allen Dächern pfiffen, musste Paulus erfahren, dass man dort noch nicht einmal gerüchteweise vom Heiligen Geist gehört hatte (Apg 19,1f.).

Die religiöse Malerei trägt dem Verblasenen des *pneuma* dadurch Rechnung, dass sie ihm nicht, wie sie es bei Gott, den Engeln und dem Teufel tut, Menschengestalt verleiht, sondern ihn als eine Taube (eine kleine, weiße) darstellt. Der bedeutende Dogmenhistoriker Adolf Harnack wollte um 1900 dem „Geist" denn auch keine Erfolgsgeschichte schreiben: „Was man [im frühen Christentum] über ihn zu sagen wusste, war ganz vage, oft ein Ausdruck der Verlegenheit ... niemals aber eines besonderen theologischen Interesses."[291] Aufs Bedrückendste verrät sich das theologische Unbehagen gegenüber dem Heiligen Geist ausgerechnet in dem wegweisenden Glaubensbekenntnis von Nizäa (325). Höchst feierlich, höchst würdig wird hier der Glaube an den einen Gott und an seinen einzigen Sohn verkündet – und dann wird lieblos und prosaisch mit ganzen fünf Worten noch hastig der

Heilige Geist aufs Tapet gebracht: „[Wir glauben] auch an den Heiligen Geist." Dürftiger geht es nicht.

Der Heilige Geist hat sich nicht träumen lassen, dass man einmal so schnöde mit ihm umspringen würde. Im Alten Testament hat seine Karriere glorios begonnen: Er ist der mächtige Geist Gottes, und von ihm wird berichtet, er habe nach der ersten Etappe der Weltschöpfung majestätisch über der Urflut geschwebt (Gen 1,2), öfter und abermals sei er in die Propheten hineingefahren und habe durch sie gewaltig geredet; selbst bresthafte Stammesälteste seien durch ihn „in prophetische Verzückung geraten, die kein Ende nahm" (Num 11,25). Freilich konnte der Geist Gottes auch andere Wirkungen zeitigen: Als er in Simson fuhr, zerriss dieser stehenden Fußes einen Löwen mit bloßen Händen, „als würde er ein Böckchen zerreißen" (Ri 14,6 – Es war übrigens kein ausgemusterter Löwe, sondern eine selbstbewusst brüllende Bestie.) Aber neben solchen Bravourstücken des Heiligen Geistes ist es doch sein Hauptgeschäft, Inspirationen aller Art auf allen Altersstufen zu erregen; das Buch Joël (3,1) lässt uns hier das Nötigste wissen: „Dann aber wird geschehen, dass ich [Jahwe] meinen Geist ausgieße über alles Fleisch. Eure Söhne und Töchter werden Propheten sein, eure Alten werden Träume haben und eure jungen Männer haben Visionen."

Der Heilige Geist ist eine hochgespannte Kraft (*dynamis drastike*), von der niemand recht weiß, wie und wo und wann sie sich entladen wird: man muss bei ihr auf alles gefasst sein. Es ist gerade diese ungeregelte, unfrisierte Kraft, die „der Kirche Verlegenheit bereitet"[292]. Die Amtskirche war nie glücklich über das wildlodernde *pneuma*, dessen Flammen auch unkonzessionierte religiöse Kleinunternehmer auf ihre Anhänger herunterholten. Karl Barth hat ihn als Brandsatz destruktiver Schwärmerei gefürchtet.

In den frühchristlichen Gemeinden muss es unter der

Wirkung des Heiligen Geistes des Öfteren bemerkenswert tumultuös hergegangen sein: mit allerlei Stöhnen, Lallen, Stammeln und Stottern, einem Sprachgebrauch, den man „Zungenreden“ nannte und der als Ausweis göttlicher Be-geistung galt. Bürgerliche Verständlichkeit war dem hohen Anliegen entschieden abträglich und wurde nicht erstrebt. Denn gerade im Galimathias sah man den Geist gewaltig zu Gange. Schaum vor dem Mund war gut; dies bewies, dass der Geist zügig in einen gefahren war.

In Korinth hat Paulus dieser Be-geistung etwas beschämt zugesehen. Er hat versucht, Remedur zu schaffen, hat auf den Reiz der Verständlichkeit hingewiesen und von überreichlichem Zungenreden abgeraten; nur hin und wieder möge man sich ein mäßiges Lallen und Stottern gestatten. In keinem Fall sollte die Gemeinde sich *in corpore* einem ungezügelten Zungendurcheinanderreden ergeben; was würden die Heiden zu einem solchen Spektakel sagen? (1 Kor 14).

Bei dieser Lage der Dinge braucht es einen nicht zu wundern, dass sich schon früh eine mächtige christliche Partei gegen den Heiligen Geist zusammengefunden hat: die *Pneumatomachen*, die „Geistbekämpfer“. Die Pneumatomachen sprachen dem Heiligen Geist das göttliche Wesen rundweg ab: Sie sahen in ihm ein bloßes Geschöpf, ein Mach-werk Gottes. Ihre Lehre wurde freilich auf dem Konzil von Konstantinopel (381) mit dem Anathem belegt. Aber fast wäre es um den Heiligen Geist geschehen gewesen.

Niemand hat das Chaos um den Heiligen Geist so redlich dargestellt wie Gregor von Nazianz. Um 380 – wenig mehr als fünfzig Jahre nach dem Konzil von Nizäa, etwa ein Jahr vor dessen Nachfolgekonzil in Konstantinopel – schreibt der große Theologe:

Von den Weisen unter uns halten einige den Heiligen Geist für eine Energie, andere für ein Geschöpf, andere für Gott, noch andere wissen nicht, wofür sie sich entscheiden sollen, aus Ehrfurcht, wie sie sagen, vor der Schrift, weil diese nichts Genaueres darüber bestimme. Deshalb erkennen sie ihm weder göttliche Verehrung zu, noch sprechen sie ihm dieselbe ab, halten also eine Mittelstraße, welche aber in der Tat ein sehr schlimmer Weg ist. Von denen aber, die ihn für Gott halten, behalten die einen diesen frommen Glauben für sich, die anderen sprechen ihn auch aus. Andere messen gewissermaßen die Gottheit, indem sie gleich uns die Dreiheit annehmen, aber einen solchen Abstand behaupten, dass das eine nach Wesen und Macht unendlich, das zweite nach der Macht, aber nicht nach dem Wesen, das dritte in keiner der beiden Beziehungen unendlich sei.[293]

Alles in allem: Der Heilige Geist, eine unkonturierte „Kraft", ein sächliches „Geistiges", ein un-persönliches Sausen und Brausen von irgendwoher nach irgendwohin – dieses Wesen von „notorischer Wesenlosigkeit" war eigentlich nicht dazu geeignet, die Dyade Vater/Sohn zu einer Triade aufzufüllen. Ohne den „Drang zur Drei" wäre dieser Coup gegen so viele Widerstände denn auch nie geglückt. Die Taufe im Namen des Vaters, des Sohnes und des Geistes, der Glaube an Vater, Sohn und Geist – diese Fundamentaltriaden sind Siege einer Zahl, deren Macht wir schon im Weltweit-Alltäglichen (vom „Wein, Weib, Gesang" deutscher Lebemänner bis zum „Bam, Bam, Bam!" japanischer Poltergeister) und dann wieder weltweit im Theologischen (von Europa über Babylon bis nach China) am Werk gesehen haben.

Die Theologie hat sich noch bis ins 2. Jahrhundert hinein mit der bloßen *Reihung* Vater/Sohn/Geist zufrieden gegeben; von einer *Gleichartigkeit* der drei Reihenglieder war nicht die Rede.[294] Eine „Trinitätslehre" hat es im 2. Jahrhundert noch nicht gegeben.[295]

Wir kommen nun zu dem entscheidenden Wendepunkt des christlichen Denkens über die Trinität. Um 206 propagierte der kleinasiatische Priester Praxeas in Rom kompromisslos die *monarchia*, die absolute Alleinherrschaft des absoluten Gottes, der keine Götter neben sich hat. Und nun begab es sich, dass gegen diesen Praxeas einer der brillantesten Polemiker aller Zeiten antrat: Tertullian aus Karthago (etwa 160–220). Im Jahre 213 verfasste er seine Streitschrift *Gegen Praxeas* (*Adversus Praxean*). Die Trinitätslehre verdankt diesem Büchlein die Pfeiler ihres Begriffsgebäudes, Praxeas verdankt ihm das Wenige an Unsterblichkeit, das er besitzt. In *Adversus Praxean* erleben wir wie nirgendwo sonst den Kampf der Drei mit der Eins, der *trinitas* mit der *unitas*. Das Jahr 213 ist ein Schlüsseljahr des geistigen Europa. Der Zahlenmystiker erkennt in ihm sofort ein „perfektes Jahr".[296]

In *Adversus Praxean* konstruierte Tertullian die theologischen Formeln, welche die *trinitas* Vater/Sohn/Geist des Taufbekenntnisses gegen die *unitas* der Monarchianer retten und es dennoch möglich machen sollten, Monotheist zu bleiben. Tertullian stand vor dem Faktum, dass Vater, Sohn und Heiliger Geist durch die tägliche Liturgie unverrückbar vorgegeben waren. Die Theologie hatte es also mit dem Problem zu tun, die „Götter-Dreiheit" des Gemeindeglaubens zurückzuverwandeln in den *einen* Gott – in den Worten des großen Gregor von Nazianz: „die verehrungswürdige Natur der Dreiheit zur Einheit zusammen[zufügen]"[297]. Die Theologie sollte die vertrackte Frage beantworten: Wie verbinden sich drei *Teile* zu einem Wesen *ohne* Teile?

Tertullians Einfall war bestechend: die Erfindung einer „Substanz" (*substantia*), aus der die drei „Personen" (*personae*) ausgestochen werden wie Plätzchen aus einem Teig. Tertullians klassische Kurzfassung hierfür lautet: „Eine Substanz, drei Personen."[298] Es ist, so Tertullian, die gemeinsame *substantia*, welche die „Einheit in der Dreiheit" möglich macht. Die Idee der einen *substantia* gestattet es, insbesondere Christus als *consubstantialis* („ein und dieselbe Substanz habend", „substanzgleich", „wesensgleich") mit Gott anzusehen oder auch zu sagen: „Ein anderer ist der Vater, ein anderer der Sohn – ein *anderer*, nicht ein *anderes*." Jesu fulminanter Satz im Johannesevangelium „Ich und der Vater sind eins"[299] bezieht sich, so Tertullian, auf die gemeinsame Substanz. Peinlicherweise sind die Begriffe *substantia* und *consubstantialis* unbiblisch; mit ihnen beginnt das Umdeuten und Umdichten des schlichten Christentums im Geiste der griechischen Philosophie – eine der gravierendsten Folgen der Trinitätsparadoxie.

Im Osten des Imperiums trug Origenes wenige Jahre nach Tertullians trinitarischer Polemik gegen den Monarchianismus eine eigene Trinitätslehre vor. Wieder ist es die „heilbringende Taufe" im Namen des *Vaters*, des *Sohnes* und des *Heiligen Geistes*, die auch diesem großen Theologen die Trinität als ein Faktum erscheinen lässt, das man nicht wegdeuteln kann.[300] Wo Tertullian drei „Personen" aufbietet, führt Origenes drei „Hypostasen" ins Feld (griech. *hypostasis* = Grundlage, Substanz, Stoff, Wesen); natürlich sind es Vater, Sohn und Heiliger Geist (wobei der Heilige Geist wieder einmal nur nachträglich, des Taufbekenntnisses wegen, erscheint).[301] Der Hauptidee des Tertullian – „eine Substanz, drei Personen" – kommt Origenes am nächsten durch das Bild von den drei Brunnen mit einer gemeinsamen Quelle.[302] Unermüdlich versichert er, es gebe keine Unterscheidung zwischen Vater, Sohn und Geist.[303] Aber er sagt auch, die Macht des Vaters sei größer als die des Sohnes, die des Sohnes größer als die des Heiligen Geistes.[304] Es steht nicht gut um die „Einheit von Vater, Sohn und Heiligem Geist".

Natürlich versucht Origenes, von der „Dreieinigkeit" zu retten, was zu retten ist. Und dabei verfällt er auf ein Wort, dem eine ebenso glänzende wie fatale Karriere beschieden sein sollte: Er sagt, der Sohn (Logos) sei „wesensgleich dem Vater", *homousios to patri*.[305] Dieses *homousios* entspricht ziemlich genau Tertullians *consubstantialis.* Aber bei aller Homousie, bei aller „Wesensgleichheit" geht es Origenes wie Tertullian: Er kommt nicht an den Jesus- und Paulusworten vorbei: „Der Vater ist größer als ich" und „Gott ist das Haupt Christi".[306] Folgerichtig ordnet Origenes den Sohn dem Vater unter. Und den Heiligen Geist ordnet er natürlich dem Sohn unter. Origenes lässt es zu, dass die Eins des Ursprungs die Drei der Trinität in die Flucht schlägt. In dem Kampf zwischen Eins und Drei hat wieder einmal die Eins das Feld behauptet.

So viel zur Trinitätsarbeit der Theologen. Im Weiteren geht es um Kaiser und Kirche. Das Gottestum des Nazareners wird zur Staatsaffäre, der Kaiser wird zum Überpapst.

Nach der Schlacht an der Milvischen Brücke (312) begann Konstantin I., den die Welt später „den Großen" nannte, das Christentum auf den Weg zur Reichsreligion zu führen. Was ihn dabei empfindlich stören musste, waren theologische Zänkereien. Gerade an ihnen aber ließ es das bestürzend rege Christentum nicht fehlen. Die Querelen der Gottesmänner wurden schließlich durch den „Arianischen Streit" auf die Spitze getrieben. Arius (etwa 250–336) war Presbyter in Alexandria, ein approbierter Asket und renommierter Theologe; um 318 trat er mit der skandalisierenden These auf, der Logos [= Christus] sei von Gott *geschaffen*, seine Existenz komme, wie bei allem Geschaffenen, aus dem *Nichts* und habe einen *Anfang* – so dass also eine Zeit war, wo der Logos nicht war. Von all dem könne man sich bequem durch einen Blick in das *Buch der Sprichwörter* (8,22–23) überzeugen; dort nämlich sage die „Weisheit" (= Logos = Christus): „Der Herr hat mich geschaffen im Anfang seiner Wege, vor seinen Werken in der Urzeit; in frühester Zeit wurde ich gebildet." Gott aber, so Arius, Gott selbst sei das ganz Andere, er sei das unaussprechlich Weltferne, das Plotinische *hen*, das absolute Eine, die transzendente Eins, das einzige „ungezeugte Prinzip", kurz und biblisch: „Jahwe ist einzig" (Dtn 6,4). Von einer Wesensgleichheit (*homousia*) des „gemachten" Logos mit einem „ungezeugten Prinzip" könne nicht die Rede sein, dem weltfernen Gott sei selbst der Logos fern, der nun einmal zur „Welt" (des Erschaffenen) gehöre, und zwar so sehr, dass er Entwicklungsprozesse durchlaufe: „Jesus aber wuchs heran. und seine Weisheit nahm zu" (Lk 2,52). Kein Wunder, dass dieser Jesus von sich selbst sagt: „Der Vater ist größer als ich" (Joh 14,28). Unermüdlich haben die Arianer diese Bibelstellen ins Feld geführt. Der aufständische Presbyter schickte sich an, aus der *hen*-Mystik Plotins einen kompromisslosen Monotheismus zu destillieren, der einem „wesensgleichen Sohn" keine Chance ließ. Der Religionskrieg zwischen der Eins und der Zwei kam auf seinen Höhepunkt; eine Synode exkommunizierte schon 318/319 den renitenten Arius. Der wiederum schmiedete seine Lehre in Verse um und machte daraus ein Werk, das er 323 unter dem sinnenfrohen Titel *Thalia* („Bankett") herausbrachte. Die Schar seiner Anhänger wuchs und wuchs, seine Verkündigung verbreitete sich in Form populärer Chansons auf Marktplätzen und in Tavernen – und um die steigende Unruhe zu dämpfen und die innere Einheit des Imperiums zu wahren, berief der ungetaufte Konstantin für das Jahr 325 ein Konzil nach Nizäa, das als „Erstes Ökumenisches Konzil" in die Geschichte eingehen sollte und vielleicht die wichtigste aller Kirchenversammlungen gewesen ist. Das griechische Nikaia und römische Nicaea ist heute das türkische Iznik in Nordwestanatolien, nicht weit von Istanbul. In seinen besten Tagen beherbergte es einen kaiserlichen Sommerpalast, war Sitz eines Bischofs, ja eines Metropoliten; nach der türkischen Eroberung 1331 war es sogar für kurze Zeit die Kapitale des Osmanischen Reiches. Heute ist Iznik zu einer Kleinstadt herabgesunken, hat ein archäologisches Museum und produziert statt brisanter Dogmen hübsche Kacheln und Fliesen.

Der Kaiser ließ die Väter in seinem Sommerpalast tagen, eröffnete am 20. Mai 325 – ungetauft – das Konzil mit einer Predigt, führte – ungetauft – den Vorsitz und griff – ungetauft – selbst in die Debatten ein. Und es wird wohl auch der Kaiser gewesen sein, der das alles entscheidende Wort *homousios* („wesensgleich") von den Lippen seines theologischen Souffleurs, des Hofbischofs Hossius von Cordoba, ablas und dann in das Bekenntnis von Nizäa hineinpraktizierte.

Der Begriff *homousios* ist unbiblisch und durch keine Überlieferung gestützt. Die Geistlichkeit des Ostens begegnete ihm mit Reserve; Eusebios von Cäsarea hat ihn in seiner Vorlage für das Konzil nicht erwähnt,[307] und nach Nizäa hat er viel Schlaumeierei aufgewandt, um das Wort zu entgiften; er hat es sogar durch eigenhändige Einfügung des unauffälligen Buchstabens i (besser: ι) zu *homoiusios* = wesens*ähnlich* verfälscht.[308] *Homousios* war ein Westimport: Es war Tertullians *consubstantialis*, ein wenig weichgespült, ein wenig verdünnt. Das Wort hatte in den Augen des konsenssüchtigen Kaisers einen nicht hoch genug zu schätzenden Vorzug: Es war schwammig und knochenlos, verblasen und vieldeutig, also ein erstklassiges Mittel, einen Formelkompromiss zusammenzuschustern und augenwischerisch das zu verwirklichen, „was einst der Grundgedanken in Nizäa" war: „die verehrungswürdige Natur der Dreiheit zur Einheit zusammen[zufügen]" (Gregor von Nazianz).[309] Das ist dem Konzil freilich nicht geglückt, und zwar deshalb nicht, weil es das dritte Glied der Trinität, den Heiligen Geist, links liegen ließ (wie es auch Arius getan hatte); es ging ihm gar nicht um die Triade Vater/Sohn/Geist, sondern um die Dyade Vater/Sohn; diese sollte „zur Einheit zusammengefügt" werden. In dem Credo von Nizäa, einem Prägestock Europas, liegt das ganze Gewicht auf der antiarianischen Christologie des Mittelstücks, der Heilige Geist ist nur ein Anhängsel:

Wir glauben an *einen* Gott, Vater, Allherrscher, Schöpfer alles Sichtbaren und Unsichtbaren;
und an *einen* Herrn Jesus Christus, den Sohn Gottes, geboren aus dem Vater als Einziggeborener, das heißt aus dem Wesen des Vaters, Gott aus Gott, Licht aus Licht,[310] wahrer Gott aus wahrem Gott, geboren, nicht geschaffen, wesensgleich dem Vater [*homousion to patri*], durch den alles geworden ist im Himmel und auf der Erde, er, der wegen uns Menschen und um unseres Heiles willen herabgekommen ist, Fleisch wurde und Mensch, gelitten hat und auferstanden ist am dritten Tag, aufgestiegen ist in den Himmel und kommt, zu richten Lebende und Tote;
und an den Heiligen Geist.[311]

Während des Konzils von Nizäa war der Diakon Athanasius (um 295–373) Sekretär des Bischofs von Alexandria gewesen, im Jahre 328 wurde er dessen Nachfolger. Mit dem Credo von Nizäa scheint dieser Antiarianer, ein Offensivtheologe ohne Beißhemmungen, nicht zufrieden gewesen zu sein; dem entscheidenden Wort *homousios* jedenfalls, diesem breiigen Adjektiv, ging er ein Vierteljahrhundert lang aus dem Weg, obwohl es doch dem Arius das theologische Genick gebrochen hatte. Was sollte das denn heißen: der Sohn sei dem Vater *homousios*, „wesensgleich"? Klang das nicht so, als handele es sich bei den beiden um zwei verschiedene „Personen" mit irgendwie gleichbeschaffenen „Wesen"? In Joh 10, 30 hatte er jedoch das Jesuswort gelesen: „Ich und der Vater sind eins." Und in Joh 14,9 stand ein Satz, der schon der frühen Gemeinde der Kern des eigentlich Christlichen gewesen war: „Wer mich gesehen hat, hat den Vater gesehen." Nach eigenem Zeugnis ist also Jesus Christus der Gott selbst, er ist der Gott im Fleische, der Gott unter uns. Die ganze Botschaft des Christentums besteht nach Athanasius in dem einfachen Satz: „Gott ist als Jesus Christus zu uns gekommen." Aus dieser schlichten Botschaft ergibt sich ein Antiarianismus, der radikal über den des Nizänums hinausgeht. Die Gottheit, weiß

Athanasius, ist eine „Einheit", also muss das in Christus aufgetretene Göttliche als ein *Göttliches* in diese Einheit hineingehören, und zwar nicht so, dass der Vater ein gewisses *erstes* Wesen und der Sohn ein gewisses *zweites* Wesen ist und diese beiden Wesen „gleichbeschaffen" sind – nein, von einer „Einheit", von einem „Wer mich gesehen hat, hat den Vater gesehen" könnte dann nicht mehr die Rede sein. Wir unterscheiden zwar zwischen „Vater" und „Sohn" – aber diese zwei, so Athanasius, sind keine gewöhnliche „Zweiheit", sondern eine „Zweiheit in der Einheit", und als Krönung erscheint nun sogar die wundersame Gleichung „2 = 1", zusammen mit den gewagtesten Spekulationen über sie.[312]

Viermal musste Athanasius ins Exil gehen, dabei zweimal in den Westen: von 335 bis 337 nach Trier und von 339 bis 346 nach Rom und Aquileia. Die westliche Theologie mit ihrer Deutung des nizänischen „wesensgleich" (*homousios*) als das kompromisslose *consubstantialis* Tertullians scheint ihn mit dem konturenlosen *homousios* ausgesöhnt zu haben.[313] Dass der Westen kein Problem damit hatte, auch den Heiligen Geist als dem Vater „wesensgleich" anzusehen, war ein zweites entscheidendes Erlebnis für ihn. Als Konstantins Sohn Constantius (Kaiser von 337 bis 361) und nach ihm Kaiser Valens (reg. 364–375) einem gemäßigten Arianismus entgegenkamen, wurde Athanasius endgültig zum Vorkämpfer des *homousios*. Wir können uns kaum noch vorstellen, mit welchem Getöse damals die feindlichen Glaubensbataillone aufeinander stießen. Der entnervte Constantius griff schließlich zu dem einzigen Mittel, das der Staatsgewalt in solchen Fällen noch bleibt: Er verbannte renitente Bischöfe und verbot jegliche Disputation über Christi Wesen. 356 floh Athanasius in die ägyptische Wüste, gab aber noch rasch zu Protokoll, dass er in Constantius aufs Deutlichste den Vorläufer des Antichrist erkenne.

Unterdessen hatte sich der rührig-radikale Gottesmann persönlich des Heiligen Geistes angenommen. Er tat, was er immer getan hatte: Er ging aufs Ganze und posaunte die westliche Weisheit aus, dass auch der Heilige Geist dem Vater wesensgleich sei. Für 362 (schon ein Jahr nach dem Tod des unseligen Constantius) berief ausgerechnet er, das Genie dramatischer und drangsalierender Polemik, eine „Friedenssynode“ nach Alexandria, und dort wurde die Tertullianische Trinitätsformel „eine Substanz, drei Personen“ (*una substantia, tres personae*) in der griechischen Fassung „*mia usia, treis hypostaseis*“ zur gültigen Interpretation des *homousios* von Nizäa erhoben. Das ging zwar weit an Nizäa vorbei, aber eine solche Petitesse erregte niemanden in diesen erregten Zeiten. Nur eines zählte: *Auch der Geist war nun wesensgleich mit Vater und Sohn*, er konnte, wie Athanasius in seinem Lehrschreiben nach Abschluss der Synode betonte, er konnte nicht abgetrennt werden vom Sein des Vaters und des Sohnes. *Der Geist war angekommen in der Göttlichkeit* (so jedenfalls schien es). Wie war denn jetzt, in der Sprache einer abstrusen Arithmetik, die theologische Situation? Das Konzil von Nizäa hatte gesagt: „Die Zwei läuft – auf den Pfaden der Homousie – wohl auf die Eins hinaus“, dann hatte Athanasius, ohne mit der Wimper zu zucken, die Gleichung „2 = 1“ hingeschrieben – nun aber wurde das Unmögliche *noch* unmöglicher (falls so etwas möglich ist): „2 = 1“ wurde zu „3 = 1“.

Wir kommen zur letzten Station auf dem langen Marsch zur Dreieinigkeit. Im Herbst 379 erkrankte Kaiser Theodosius in Thessalonike lebensgefährlich. Rasch ließ er sich von dem orthodoxen Stadtbischof Acholius taufen („im Namen des Vaters, des Sohnes und des Heiligen Geistes“). Das Taufwasser wirkte ein Wunder, der Kaiser genas und beschloss nun, den nizänischen Glauben seines Retters im ganzen Imperium nach vorne zu bringen. Am 28. Februar 380 erging sein berühmtes Edikt *Cunctos populos*, durch das den Völkern des Imperiums eine Rohform des trinitarischen „3 = 1" mit Rechtskraft auf die Seele gebunden wurde. Die Völker sollen „nach Unserem Willen" glauben, was der Apostel Petrus den Römern verkündet hatte und was auch Theodosius seit seiner wundersamen Genesung glaubt:

Wir glauben nämlich nach der Vorschrift der Apostel und der evangelischen Lehre an die eine Gottheit des Vaters, des Sohnes und des Heiligen Geistes unter gleicher Majestät und Heiliger Trinität. Diejenigen, die diesem Gesetz folgen, sollen den Namen katholische Christen führen. Die anderen aber sind nach unserem Urteil töricht und wahnwitzig, so dass sie den Schimpf der Häresie tragen.[314]

Theodosius berief für Anfang Mai 381 das „Zweite Ökumenische Konzil" nach Konstantinopel, um den Trinitarismus amtlich zu etablieren. Hierzu war eigentlich nur nötig, den ärmlichen dritten Artikel des Nizänums über den Heiligen Geist etwas reicher auszugestalten und dem *pneuma* auch in der Verkündigung zu jener Göttlichkeit zu verhelfen, die es unter Theologen schon seit langem genoss. Der erste Schritt hierzu war, den Pneumatomachen, den „Geistbekämpfern", das Handwerk zu legen. Das war rasch getan: Verzagt verließen sie das Konzil. Das Credo von Konstantinopel verstand sich als eine Festschreibung des Nizänums und wird deshalb häufig auch „Credo von Nizäa-Konstantinopel" genannt. Es gehört zu den Grund-Texten Europas:

Wir glauben an *einen* Gott, Vater, Allherrscher, Schöpfer von Himmel und Erde, alles Sichtbaren und Unsichtbaren;
und an *einen* Herrn Jesus Christus, den Sohn Gottes, den Einziggeborenen, aus dem Vater geboren vor allen Weltzeiten, Licht aus Licht, wahrer Gott aus wahrem Gott, geboren, nicht geschaffen, wesensgleich dem Vater [*homousion to patri*], durch den alles geworden ist, er, der wegen uns Menschen und um unseres Heiles

willen herabgekommen ist aus den Himmeln, Fleisch wurde aus Heiligem Geist und Maria, der Jungfrau, und Mensch, gekreuzigt wurde für uns unter Pontius Pilatus, gelitten hat, begraben wurde und auferstanden ist am dritten Tage gemäß den Schriften, aufgestiegen ist in die Himmel, zur Rechten des Vaters sitzt und kommt mit Herrlichkeit, zu richten Lebende und Tote, dessen Reich kein Ende haben wird;[315]
und an den Heiligen Geist, der mächtig und Leben spendend [ist],[316] der aus dem Vater hervorgeht, der mit dem Vater und dem Sohn mitangebetet und mitverherrlicht wird, der durch die Propheten gesprochen hat; an *eine* heilige katholische Kirche; wir bekennen *eine* Taufe zur Vergebung der Sünden; wir erwarten Totenauferstehung und Leben der kommenden Welt. Amen.[317]

Der Unterschied des Konstantinopler Credos zum „Ur-Nizänum" liegt im dritten Artikel. Er sagt nicht mehr kärglich „... und an den Heiligen Geist" – diesmal wird der Heilige Geist ausdrücklich auf ein und dieselbe Höhe mit Vater und Sohn gehoben, an seiner Göttlichkeit kann kein Zweifel sein. Und doch: Wieder wird von ihm nicht unumwunden gesagt, er sei dem Vater „wesensgleich". An dieser Stelle muss man ein Lehrschreiben der Nachfolgesynode heranziehen, die 382 in Konstantinopel tagte; es ist an eine gleichzeitig in Rom stattfindende Synode gerichtet. Das Schreiben beruft sich auf das Konzil des Jahres 381. Es rühmt den Glauben von Nizäa als den, welcher „der Taufe entspricht und uns lehrt zu glauben an den Namen des Vaters und des Sohnes und des Heiligen Geistes, so dass also eine Gottheit und Macht und *ein Sein des Vaters und des Sohnes und des Heiligen Geistes* geglaubt wird".[318] „*Ein Sein*" der drei Personen – das ist ihre Homousie, wie sie Tertullian und Athanasius verstanden: „Eine Substanz, drei Personen." Noch deutlicher und drastischer ist ein Schreiben der genannten römischen Synode an den Bischof von Antiochia: Es verdammt jeden, der nicht bekennt, dass der Heilige Geist dieselbe Macht und Substanz wie Vater und

Sohn habe und ein wahrer Gott sei.[319] Seit 381/382 konnte die Göttlichkeit des Heiligen Geistes nicht mehr bezweifelt werden. In dem *Glaubensbekenntnis des Damasus* (Ende 5. Jahrhundert) heißt es wie abschließend: „Nicht drei Götter, sondern Vater, Sohn und Heiligen Geist als *einen* Gott verehren und bekennen wir."[320] Also: 3 = 1.

Anmerkungen

1 Mircea Eliade (Hrsg.): Die Schöpfungsmythen, Darmstadt 1991, S. 72 und 48.
2 Iamblichos: Vita Pythagorica 147, siehe auch 93, wo noch einmal von der „Zukunftserkundung durch Zahlen" gesprochen wird.
3 Galilei: Dialog über die beiden hauptsächlichsten Weltsysteme (übers. von Emil Strauss), Stuttgart 1982 (Neuausgabe), S. 108.
4 Spr 8,30; Ps 147,4; Mt 10,30.
5 Offb 11, 1 und 21, 15.
6 Sure 24,39 und 19, 94.
7 Mozart: Don Giovanni, I, 5, 4.
8 Karl Menninger: Zahlwort und Ziffer, Göttingen [3]1979, Bd. I, S. 147.
9 Plutarch: Quaestiones Romanae 288 d.
10 Vergil: Bucolica VIII, 75.
11 Shakespeare: Die lustigen Weiber von Windsor IV, 7.
12 S. hierzu den §6 (Tabus on Counting) in A. Seidenberg: The Ritual Origin of Counting, Archive for the History of Science 1 (1960/61), S. 1–40.
13 Den Kündern und Mahnern schien nicht bekannt zu sein, dass das neue Jahrtausend erst am 1. 1. 2001 beginnt.
14 Zitiert nach Ernst Benda: Die Würde des Menschen ist unantastbar, FAZ vom 22. Mai 1999.
15 Joseph Goebbels: Tagebücher, Eintrag vom 9. Juli 1941.
16 Magazin der FAZ vom 10. 7. 1998.
17 Franz Carl Endres, Annemarie Schimmel: Das Mysterium der Zahl, Köln 1984, S. 195.
18 Friedrich Schiller: Die Piccolomini, II, 2.
19 Goethe: Faust I, 2540 ff. (Hexenküche).
20 Marcus Terentius Varro: Über die Landwirtschaft 1, 2, 27 (Hervorhebung von mir).
21 Goethe: Farbenlehre von 1810, Nr. 758.
22 Die Pythagoreer haben nur ein einziges Paar befreundeter Zahlen gekannt: 220 und 284. 1636 entdeckte Pierre de Fermat (1601–1665) ein zweites Paar: 17 926 und 18 416. Wenig später fand René Descartes (1596–1650) ein drittes: 9 363 548 und 9 437 506. Leonhard Euler (1707–1783) tischte der Mitwelt gleich 62 Paare befreundeter Zahlen auf (wobei er sich freilich in zwei Fällen irrte).

[23] Irenaeus: Adversus haereses II, 24, 4.

[24] James R. Newman (Hrsg.): The World of Mathematics, New York 1956, Bd. I, S. 361–368, bes. S. 367.

[25] Dante: Vita nuova 29.

[26] Bernhard Großfeld: Zeichen und Zahlen im Recht, Tübingen ²1995, S. 79f.

[27] Goethe: Faust I, 1972f.

[28] Plutarch: Lykurgos 5.

[29] Plutarch: Solon 24.

[30] Für uns ist die Eins die erste ungerade Zahl; den Alten aber war die Eins häufig (nicht immer) keine Zahl, sondern der Ursprung der Zahlen.

[31] Philon von Alexandria: Über die Weltschöpfung nach Mose III, 13f. Siehe auch Philon: Allegorische Interpretation der Genesis I, 3.

[32] Merkur, Venus, Erde, Mars, Jupiter, Saturn. Dem Kopernikaner Rheticus war die Erde ein Planet.

[33] Georg Joachim Rheticus: Narratio prima (auszugsweise abgedruckt in Nicolaus Copernicus: Das neue Weltbild, übers. und hrsg. von Hans Günter Zekl, Hamburg 1990, hier S. 180).

[34] Zitiert nach Franz Carl Endres, Annemarie Schimmel (vgl. Anm. 17), S. 210f.

[35] Joh 21,10f.

[36] Mt 4,18f.

[37] Die Zahl 153 ist übrigens auch rein arithmetisch sehr bemerkenswert: sie ist nämlich gleich der Summe der Kuben ihrer Ziffern: $153 = 1^3 + 5^3 + 3^3$.

[38] Mt 20,1–16.

[39] Lk 3,23: „Jesus war etwa dreißig Jahre alt, als er zum ersten Mal öffentlich auftrat."

[40] Irenaeus: Adversus haereses I, 1, 3.

[41] Barnabasbrief 9, 7–9.

[42] Giuseppe Alberigo (Hrsg.): Geschichte der Konzilien, Düsseldorf 1993, S. 35.

[43] Reinhart Staats: Das Glaubensbekenntnis von Nizäa-Konstantinopel, Darmstadt 1996, S. 102.

[44] Kurt Paesler: Das Tempelwort Jesu, Göttingen 1999.

[45] Wolfgang Pauli: Wissenschaftlicher Briefwechsel mit Bohr, Einstein, Heisenberg u.a., Bd. IV/1, hrsg. von K. v. Meyenn, Berlin 1996, S. 400.

[46] Zitiert nach Ernst Peter Fischer: An den Grenzen des Denkens, Freiburg/Basel/Wien 2000, S. 41.

47 Das „Digamma" war ein archaischer Buchstabe, der nicht mehr zum Schreiben verwendet wurde.

48 Das hebräische „Zahlenalphabet" findet der Leser in Georges Ifrah, Universalgeschichte der Zahlen, Frankfurt/New York 1986, Abb. 202 auf S. 279.

49 Franz Dornseiff: Das Alphabet in Mystik und Magie, Leipzig/Berlin [2]1925, S. 110.

50 Ebd., S. 91.

51 Ebd., S. 120.

52 Pico della Mirandola: Über die Würde des Menschen, hrsg. von August Buck, Hamburg 1990, S. 63.

53 Ifrah (vgl. Anm. 48), S. 339f.

54 Tobias Dantzig: Numbers. The Language of Science. London [3]1947, S. 39.

55 Diese Erkenntnis findet sich in dem Lehrgedicht *De litteris* des Terentianus Maurus.

56 Ifrah (vgl. Anm. 48), S. 350. Die Hauptwerke Ibn Chalduns, der weder ein Schalk noch ein Spintisierer war, sind 2002 von neuem in der „Bibliothèque de la Pléiade" erschienen.

57 Dornseiff (vgl. Anm. 49), S. 115.

58 Dantzig (vgl. Anm. 54), S. 44.

59 Irenaeus: Adversus haereses I, 15, 2

60 Irenaeus: Adversus haereses I, 14, 6; siehe auch P. Perdrizet: Isopséphie, Revue des Études grecques 17 (1904), S. 350–360, dort S. 352f.

61 Irenaeus: Adversus haereses I, 15, 2.

62 Mt 19,17.

63 Theophanes Kerameus in seiner 45. Homilie (Migne PG 132, 840).

64 Cyprianus: De pascha computus 20.

65 Perdrizet (vgl. Anm. 60), S. 353.

66 Perdrizet (vgl. Anm. 60), S, 354f.; Quellenangaben in Fußnote 3 auf dieser Seite.

67 Siehe Karin Reich: Zwischen Theologie und Mathematik: Michael Stifels Endchrist (1532), in: Rainer Gebhardt, Helmuth Albrecht (Hrsg.): Rechenmeister und Cossisten der frühen Neuzeit, Freiberg 1996, dort S. 170f.

68 Dornseiff (vgl. Anm. 49), S. 103.

69 Ebd., S. 112.

70 Theo Lutz Michael Stifel und die Wortrechnung. Esslinger Studien 28 (1989), S. 65–73, dort S. 68.

71 Hans-Ulrich Hofmann: Luther und die Johannes-Apokalypse, Tübingen 1982, S. 432f.

[72] Thomas Mann: Gesammelte Werke, Frankfurt a.M. 1974, Bd. IV, S. 402.

[73] Nach der Sechzig schritt die Zahlenreihe in Sechzigerschritten voran; die Stufen waren 60×2, 60×3 … bis hinauf zu 600 = 60×10 = *gesch-u.* Jetzt ging es mit der neuen Einheit 600 in Sechshunderterschritten weiter, über 600×2, 600×3 … bis hin zur neuen Einheit 3600 = 600×6 mit dem selbständigen Namen *schàr.* Und nun stieg der Rechner in Dreitausendsechshunderterschritten hinauf zu 36000 = 3600×10 = *schàr-u.* Hier will ich abbrechen: Das Prinzip dürfte klar geworden sein.

[74] Die Sechzig besitzt 10 nichttriviale Teiler: 2, 3, 4, 5, 6, 10, 12, 15, 20, 30. In einer sechzigfach unterteilten Einheit (bei uns z. B. das „Schock" = 60 Stück) kann man also die wichtigsten Bruchteile (etwa die Hälfte, das Drittel, das Viertel, das Fünftel usw.) bequem als Vielfache des Basissechzigstels ausdrücken.

[75] Schöpfungsmythen (vgl. Anm. 1), S. 109.

[76] Odyssee 14, 317–320; Herodot I, 189f. und VII, 34.

[77] Etwa im Angelsächsischen, Altsächsischen, Gotischen und Althochdeutschen, im Griechischen, Lateinischen und Keltischen.

[78] Karl Menninger: Zahlwort und Ziffer, Göttingen [3]1979, Bd. I, S. 163f.

[79] Die Schöpfungsmythen (vgl. Anm. 1), S. 114.

[80] John Maynard Keynes: Newton, the Man (abgedruckt in: James R. Newman (Hrsg.): The World of Mathematics, New York 1956, Bd. I, dort S. 277.

[81] Gen 25,26; 1 Chr 2,21.

[82] 2 Chr 11,21; Hld 6,8.

[83] Schiller: Die Piccolomini, II, 2.

[84] Aristoteles: Metaphysik 1093a.

[85] Henoch 75,4–5; 76, 1.

[86] Hosea, Joël, Amos, Obadja, Jona, Micha, Nahum, Habakuk, Zefanja, Haggai, Sacharja, Maleachi.

[87] Est 2,12; Mk 6,7.

[88] Franz Carl Endres, Annemarie Schimmel (vgl. Anm. 17), S. 214.

[89] Der Leuchter gehört heute zum Weltkulturerbe der UNESCO; benannt ist er nach seinem Stifter, dem Bischof Hezilo (1054–1074).

[90] Richard S. Westfall: Never at Rest, Cambridge 1983, S. 352.

[91] Karl Menninger: Zahlwort und Ziffer (vgl. Anm. 78), Bd. I, S. 167f.

[92] Ebd., S. 167.

[93] Philon: Über die Weltschöpfung nach Mose 117.

[94] Schöpfungsmythen (vgl. Anm. 1), S. 132f.

95 Ebd., S. 60.

96 Griech. *hebdomas* bedeutet übrigens sowohl eine sieben*tägige* als auch eine sieben*jährige* Periode.

97 Solon 21 (Übersetzung in Bernhard Großfeld: Zeichen und Zahlen im Recht, Tübingen [2]1995, S. 149).

98 Gen 7,4; 7,2–3; 8,8–12.

99 Thomas Mann: Gesammelte Werke, Frankfurt a.M. 1974, Bd. IV, S. 308f. (Hervorhebung von mir).

100 1 Kön 6,38; 11,3.

101 Ex 29,37; Lev 4,6; vgl. Num 19,4; Lev 16,19.

102 2 Chr 29,2 (vgl. 1 Chr 15,26, Lev 23. 18, Num 28,27; 29,8, Ez 45,23); Num 23,1.

103 Jos 6,21.

104 Jos 5,17.

105 Mt 6,9–13; Mt 23,13.15–16.23.25.27.29 (man muss hierzu freilich die passende Bibel nehmen, z. B. die *Neue Jerusalemer Bibel*; andere Bibeln kennen acht Weherufe, bei ihnen kommt Mt. 23,14 hinzu); Mk 8,5; Lk 8,2 (siehe auch Mt 12,45); Mt 18, 21f. (siehe auch Lk 17,4); Lk 20,27–35.

106 Offb 1,4.12.16; 4, 5; 5, 1; 13, 1; 15, 8.

107 Decretum Damasi, in: Heinrich Denzinger: Kompendium der Glaubensbekenntnisse und kirchlichen Lehrmeinungen, hrsg. von Peter Hünermann, Freiburg/Basel/Rom/Wien [37]1991, S. 89.

108 Hoffart, Geiz, Unkeuschheit, Neid, Unmäßigkeit, Zorn, Trägheit.

109 Sie sind eine Melange der drei paulinischen Tugenden Glaube, Hoffnung, Liebe (1 Kor 13,13: „Für jetzt aber bleiben Glaube, Hoffnung, Liebe, diese drei; doch am größten unter ihnen ist die Liebe“) mit den vier antiken „Kardinaltugenden“ Weisheit, Selbstbeherrschung, Tapferkeit, Gerechtigkeit.

110 Taufe, Kommunion, Firmung, Beichte, Krankenölung, Ehe, Priesterweihe.

111 Die sieben leiblichen Werke der Barmherzigkeit: Hungernde speisen, Durstige tränken, Nackte bekleiden, Fremde beherbergen, Gefangene erlösen, Kranke besuchen, Tote begraben. Die sieben geistigen Werke der Barmherzigkeit: Unwissende belehren, Zweifelnden recht raten, Fehlende zurechtweisen, Schwierige ertragen, Schuldigen vergeben, Trauernde trösten, für die Lebendigen und die Verstorbenen beten.

112 Introitus, Kyrie, Gloria, Credo, Sanctus, Benedictus, Agnus Dei.

113 Augustinus: Vom Gottesstaat XI, 31.

114 Irenaeus: Adversus haereses I, 5, 2.

[115] Kallimachos: Auf Delos 249ff.
[116] Theodor Gomperz: Griechische Denker, Frankfurt a.M. 1996 (ND der 4. Aufl.), Bd. I, S. 243.
[117] Johannes Hartlieb: Das Buch aller verbotenen Künste, hrsg. von Frank Fürbeth, Frankfurt a.M. 1989, S. 45.
[118] W. H. Roscher (Hrsg.): Die hippokratische Schrift von der Siebenzahl in ihrer vierfachen Überlieferung, Paderborn 1913.
[119] Über die Siebenzahl I, 1.
[120] Über die Siebenzahl XI.
[121] Johannes Hehn: Siebenzahl und Sabbat bei den Babyloniern und im Alten Testament, Leipzig 1907, S. 36.
[122] Ebd., S. 38.
[123] Ebd., S. 35.
[124] Lev 13,3–6; 14,7; 2 Kön 5,10 und 14.
[125] Proklus in: Empedokles B 69; vgl. Empedokles A 75.
[126] J. Trachtenberg: Jewish Magic and Superstition, New York 1974, S. 119.
[127] Philon: Allegorische Interpretation der Genesis I, 3; Über die Weltschöpfung nach Mose 111f.; 80; 128.
[128] Philon: Über die Weltschöpfung nach Mose 100.
[129] Aristoteles: Metaphysik 1093a.
[130] Zitiert nach *Der Spiegel* vom 17. Februar 2003.
[131] Bernhard Großfeld (vgl. Anm. 26), S. 151f.
[132] Ian Kershaw: Hitler, Bd. I (1889–1936), Stuttgart 1998, S. 171.
[133] Iamblichos: Vita Pythagorae 19.
[134] Plutarch: Isis und Osiris 381f.
[135] Iamblichos: Vita Pythagorae 18f.
[136] Iamblichos: Vita Pythagorae 30.
[137] K. V. Laurikainen: Beyond the Atom. The Philosophical Thought of Wolfgang Pauli, Berlin 1985, S. 16.
[138] Plutarch: Isis und Osiris 381f.
[139] Aristoteles: Metaphysik 986a.
[140] Aristoteles: Vom Himmel 268a.
[141] Schöpfungsmythen (vgl. Anm. 1), S. 53f.
[142] Ebd., S. 123.
[143] Ebd., S. 137.
[144] Augustinus: Vom Gottesstaat XI, 31.
[145] Ex 28,15f. Vgl. auch Ez 43,16 (quadratischer Opferherd).
[146] These III von Hegels Habilitationsschrift.
[147] Hippolytos: Refutatio VI, 2. Eine andere Form etwa bei Iamblichos: Vita Pythagorae 162. Eine Zusammenstellung aller Lesarten und ih-

rer Quellen findet man bei Armand Delatte: Etudes sur la littérature pythagoricienne, Paris 1915, S. 249–268.

148 Philon von Alexandria: Über die Weltschöpfung nach Mose 47.

149 Wilhelm Capelle: Die Vorsokratiker, Stuttgart ^{4}1953, S. 476.

150 Aristoteles: Metaphysik 985 a.

151 Philolaos B 11.

152 Plutarch: Isis und Osiris 381 f. Der Charme der Sechsunddreißig wurde, unabhängig von der Vier, noch dadurch verstärkt, dass 36 die Summe der *drei* ersten *Dreier*potenzen ist: $36 = 1^3 + 2^3 + 3^3$.

153 Friedrich Nietzsche: Also sprach Zarathustra IV (Die Begrüßung).

154 Platon: Staat 401 d–e.

155 *Der Spiegel* vom 10. Juni 2002.

156 Gautama Buddha: Die vier edlen Wahrheiten, hrsg. von Klaus Mylius, München 1991, S. 204.

157 A. Dundes: Every man has his way, New Jersey 1968, S. 403; R. Hassrick: Das Buch der Sioux, Köln 1982.

158 Philon von Alexandria: Über die Weltschöpfung nach Mose 47.

159 Offb 7, 1; 4, 6–8; vgl. Ez 1, 5–6.

160 Irenaeus: Adversus haereses I, 13, 1 und 13, 5–6.

161 Irenaeus: Adversus haereses I, 14, 1.

162 Irenaeus: Adversus haereses I, 15, 2.

163 Gen 7, 17; Num 14, 33; Ex 24, 18; Lev 12, 1–4; 2 Sam 5, 4; 1 Kön 11, 42; Mt 4, 2; Apg 1, 3; Dtn 25, 3.

164 Didache („Lehre der Apostel") 2, 2.

165 Num 14, 33; Ri 3, 10–11. Die zweite Stelle interpretiert v. Weizsäcker freilich recht eigenwillig.

166 Wolfgang Pauli (vgl. Anm. 45), S. 375.

167 Wolfgang Pauli, Carl Gustav Jung: Naturerklärung und Psyche, Zürich 1952, S. 162.

168 K. V. Laurikainen (vgl. Anm. 137), S. 129.

169 Wolfgang Pauli: Physik und Erkenntnis, Braunschweig 1988, S. 128.

170 Eric Voegelin: Ordnung und Geschichte, Bd. I, München 2002, S. 39.

171 Zitiert nach Franz Carl Endres und Annemarie Schimmel (vgl. Anm. 17), S. 118.

172 Aristoteles: Metaphysik 985 b; Plutarch: Isis und Osiris 381 f.

173 Plutarch: Quaestiones Romanae 288 d.

174 Philolaos B 11.

175 Hermann Usener: Dreiheit, Rheinisches Museum für Philologie, NF, 58 (1903), S. 1–47, 161–208, 321–362, dort S. 1. Bernhard Großfeld (vgl. Anm. 26), S. 99. Alan Dundes: The number three in Ame-

rican culture, in Alan Dundes: Every man has his way. New Jersey 1958, S. 402.

176 Aristoteles: Vom Himmel 268a (Hervorhebung von mir). Diese Argumentation bringt auch Simplicio in Galileis *Dialog über die beiden hauptsächlichsten Weltsysteme* vor. Siehe die in Anm. 3 genannte Übersetzung dieser Schrift, S. 10.

177 Der Vergilkommentator Servius (4. Jahrhundert n. Chr.) berichtet, für die Pythagoreer habe die Drei den unsagbaren Vorzug besessen, Anfang, Mitte und Ende zu haben; deshalb hätten diese Denker die Drei dem „höchsten Gott" zugeschrieben.; siehe Emory B. Lease: The Number Three, Mysterious, Mystic, Magic. Classical Philology 14 (1919), S. 69.

178 Du Bartas: La Première Semaine ou Création du monde, 1578.

179 Walter Burkert: Die Griechen und der Orient, München 2003, S. 73.

180 Laudse [Laotse]: Daudedsching [Tao-te-king], übers. und eingef. von Ernst Schwarz, München 1980, S. 92.

181 Christian Morgenstern: Palmström (Titel des Gedichts: *Die Korfsche Uhr*).

182 Johannes Hehn: Siebenzahl und Sabbat, Leipzig 1907, S. 69f., 72, 73.

183 Ebd., S. 65. Man vergleiche diesen Tripelsegen mit dem „Aarons-Segen" (Num 6,24–26).

184 Gen 15,9; Ex 23,14–17; Ex. 34,23; Dan 6,11; Num 6, 24–26; Sir 25,1f.; Ex 21,10; Num 24,10; Gen 9,25–27; 1 Kön 17,21f.; Hos 2,21f.; Gen 29,34; 1 Sam 2,21; Ex 27,1; Ez 42,3; 2 Makk 13,12; Gen 40,10–13; Gen 40,16–19.

185 Mt 4,1–10; Mt 12,40 (vgl. Jona 2,2); Mk 8,31, dazu Mk 9,31 und 10,32–34; Mt 26,34 und 26. 69–75; Mt 26,39–44; Mk 15, 25; Mk 15,33–37; Lk 24,1–7; Joh 21,15–17; Apg 2,15; Apg 2,13.

186 Sophokles: König Ödipus 159f.

187 Ilias 19,258ff.

188 Usener (vgl. Anm. 175), S. 17.

189 Aristophanes: Die Wolken 627f. (Das Chaos ist der leere Raum.)

190 Aristophanes: Die Wolken 423f. (Mit der „Zunge" ist die flinke, trügerische Zunge gemeint.)

191 Usener (vgl. Anm. 175), S. 36.

192 Horaz: Carmina III,22; Ovid: Metamorphosen VII, 194.

193 Geoffrey Barraclough (Hrsg.): Die Welt des Christentums, München 1982, S. 10.

194 Dante: Inferno XXXIV.

195 Usener (vgl. Anm. 175), S. 34f.

196 Aristoteles: Vom Himmel 268a.

197 Augustinus: Epistula 55 ad Ianuarium 18, 33.

198 Tacitus: Germania 10.

199 Cäsar: Gallischer Krieg I, 53, 7.

200 Sophokles: Antigone 431.

201 Emory B. Lease (vgl. Anm. 177), S. 61.

202 Henry Gaudy: Trichotomy in Roman Law, Oxford 1910 (ND Aalen 1980), S. 23.

203 Joseph Unger: System des Österreichischen Allgemeinen Privatrechts, Bd. I, Leipzig [3]1868, S. 227.

204 Bernhard Großfeld (vgl. Anm. 26), S. 99.

205 Ovid: Metamorphosen VII, 188 ff.

206 Ovid: Metamorphosen VII, 153.

207 Plinius: Historia naturalis XXVIII, 21.

208 Plinius: Historia naturalis XXVIII, 44.

209 Vergil: Bucolica VIII, 73–79.

210 So Johannes und Maria Götte bzw. Theodor Haecker.

211 Plinius: Historia naturalis XXVIII, 36.

212 Tibull I, 2, 55–58.

213 Petronius: Satyrica 131.

214 Marcellus Empiricus: De medicamentis 15, 11 (zitiert nach Georg Luck: Magie und andere Geheimlehren in der Antike, Stuttgart 1990, S. 108).

215 Beispiele bei Usener (vgl. Anm. 175), S. 12.

216 In seiner Kurzgeschichte *Eupompus verlieh der Kunst Glanz mittels Zahlen.*

217 Odyssee 6, 154 f.

218 Richard M. Meyer: Altgermanische Religionsgeschichte, Leipzig 1910, S. 529.

219 Seneca: Briefe an Lucilius 40. 9.

220 Plutarch: Isis und Osiris 381 f.

221 Franz Dornseiff (vgl. Anm. 49), S. 22.

222 Adolf von Harnack: Lehrbuch der Dogmengeschichte, Darmstadt 1980 (ND), Bd. II, S. 303, Fußnote 1.

223 Die Alten schwankten in ihren Zahlbegriffen: Manchmal wurde weder die Eins noch die Zwei als „Zahl“ angesehen. Für Augustinus (Vom Gottesstaat XI, 31) ist deshalb Drei die *erste* „ganz ungerade“ und Vier die *erste* „ganz gerade“ Zahl.

224 Iamblichos A 11 zitiert diesen Satz aus Speusippos’ Buch *Von den pythagoreischen Zahlen.*

225 Leonhard Euler: Methodus inveniendi lineas curvas maximi minimive proprietate gaudentes, Additamentum I, in: Jacob Bernoulli,

Leonhard Euler: Abhandlungen über das Gleichgewicht und die Schwingungen der ebenen elastischen Kurven, hrsg. und übers. von H. Kinsenbarth, Leipzig 1910 (Ostwalds Klassiker der exakten Wissenschaften 175), S. 18.

226 *„Honeste vivere, alterum non laedere, suum cuique tribuere.“* Vgl. die korrespondierende Dreierregel des Alten Testaments: „Recht tun, Güte und Treue lieben, in Ehrfurcht den Weg gehen mit seinem Gott“ (Micha 6,8).

227 Franz Werfel: Jacobowsky und der Oberst (1944).

228 FAZ vom 2. Mai 2003.

229 FAZ vom 31. Mai 2001.

230 Joseph Goebbels: Tagebücher, Einträge vom 8. Juli 1938 und vom 1. Oktober 1938.

231 Zitiert nach Sebastian Haffner: Von Bismarck zu Hitler. Ein Rückblick. München 1987, S. 11.

232 Schöpfungsmythen (vgl. Anm. 1), S. 107; ein zweites Beispiel auf S. 112: „Du hast die Stadt versehen, du hast die Stadt versehen, / du hast sie versehen mit deinem Geschick.“

233 Aristophanes: Die Frösche 305 ff. – Aristophanes (etwa 445–386 v. Chr.) war der genialste, angriffslustigste, witzigste und saftigste Dichter der Alten Komödie Athens.

234 Georg Luck (vgl. Anm. 214), S. 117.

235 Focus vom 5.3.2001.

236 Encyclopedia Britannica [15]1991, Bd, 8, S. 220, Stichwort: Moeller van den Bruck.

237 Dante: Vita nuova 29.

238 Schöpfungsmythen (vgl. Anm. 1), S. 89 f.

239 Laudse [Laotse] (vgl. Anm. 180), S. 92.

240 Plutarch: Isis und Osiris 381 f.

241 Eike Christian Hirsch: Der berühmte Herr Leibniz, München 2000, S. 345 f.

242 Anaximander A 15.

243 Aristoteles: Metaphysik 987 b.

244 Aristoteles: Metaphysik 1088 a.

245 Zitiert nach Franz Carl Endres, Annemarie Schimmel (vgl. Anm. 17), S. 55.

246 Zum parmenideischen Sein vgl. Parmenides B 8.

247 Platon: Parmenides 141 e–142 a; 155 d.

248 Newton: Mathematische Prinzipien der Physik, hrsg. von Volkmar Schüller, Berlin/New York 1999, S. 564. Es handelt sich um das Scholium Cambridge Univ. Libr. Add MS 3965 fols 270 r, 271 r und 272 r.

249 Philon: Legum allegoriae II, 1f. S. auch De fuga et inventione 164: „Gott ist unzusammengesetzt, eine Monade [*monas*].“

250 Porphyrios: Leben Plotins 10.

251 Plotin: Enneaden V, 4, 1 und V, 5, 6.

252 Goethe: Sämtliche Werke, Zürich 1961 (Artemis-Gedenkausgabe), Bd. XV, S. 411.

253 Dtn 6,4; Sure 112; Ilias 8,10–28.

254 Zitiert nach Franz Carl Endres, Annemarie Schimmel (vgl. Anm. 17), S. 59.

255 Angelus Silesius: Cherubinischer Wandersmann, 5. Buch, 2. Gedicht: *Wie die Zahlen aus dem Eins, so die Geschöpfe aus Gott.*

256 Friedrich Rückert: Weisheit der Brahmanen.

257 Porphyrios: Leben Plotins 23.

258 Schluss von Hölderlins *Hyperion.*

259 Bild am Sonntag vom 30. Dezember 2001.

260 Origenes: De principiis I, 3, 4. Ich benutze durchweg die von Herwig Görgemanns und Heinrich Karpp besorgte Ausgabe, Darmstadt [2]1985.

261 Heinrich Denzinger: Kompendium der Glaubensbekenntnisse und kirchlichen Lehrentscheidungen, hrsg. von Peter Hünermann, Freiburg/Basel/Rom/Wien [37]1991, Bekenntnis *Clemens Trinitas* auf S. 49f.

262 Origenes: De principiis IV, 4, 1.

263 Adolf von Harnack (vgl. Anm. 222), Bd. II, S. 296.

264 Mt 16,16; siehe auch den Ausruf der Jünger Mt 14,33: „Du bist wahrhaft Gottes Sohn.“; Lk 22,70.

265 Mt 7, 29 und 23,17.

266 Brief an Helene Bresslau vom 23. Dezember 1903, in: Rhena Schweitzer Miller und Gustav Woytt (Hrsg.): Die Jahre vor Lambarene. Briefe 1902–1912. München 1992, S. 52f.

267 Usener (vgl. Anm. 175), S. 39. Dort auch (in Fußnote 2) der griechische Text des Missionsbefehls in der Fassung des Eusebios. Andererseits finden wir im Westen die trinitarische Taufformel schon als die unbefragt verwendete um 150 bei Justinos (Erste Apologie 61,6).

268 Apg 11,26.

269 Plinius Secundus: Epistula X, 96; Tertullian: Apologeticum I, 13.

270 Plinius Secundus: Epistula X, 96 (Hervorhebung von mir).

271 Gal 3,27; siehe auch Apg 8,16.

272 Apg 2,38; siehe auch 19,5.

273 Justinos: Erste Apologie 6.

[274] Justinos spricht jedoch in der Ersten Apologie 61,8 (um 150) von einer erleuchtenden Waschung „im Namen Jesu Christi, gekreuzigt unter Pontius Pilatus, und im Namen des Heiligen Geistes". Von Gott ist hier nicht explizit die Rede; die volle dreigliedrige Taufformel findet sich jedoch gewissermaßen nebenan in 61, 3.

[275] Klaus Wengst (Hrsg.): Schriften des Urchristentums, II, Darmstadt 1984, Anmerkung 75 auf S. 81, vor allem: „Belegen lässt sich vor der triadischen Taufformel [Mt 28,19] nur die Taufe auf Jesus."

[276] Mt 14,33 und 16,16.

[277] Mt 26,63–65; Mk 14,61–64; Lk 22,70. Johannes bringt die Gottessohnschaftsfrage des Hohen Rates nicht.

[278] Justinos: Erste Apologie 21,1 und 22,5. Dabei traf es sich gut, dass Zeus die Danaë ähnlich „überschattet" hatte wie „die Kraft Gottes" die Maria (Lk 1,35), nämlich in Gestalt einer Wolke, freilich einer goldenen gemäß den vornehmen olympischen Usancen.

[279] Das Taufbekenntnis aus Antiochia kennt noch gegen Ende des 4. Jahrhunderts nur die Dyade Vater/Sohn; siehe Denzinger (vgl. Anm. 107), S. 42f.

[280] Hirt des Hermas, mandatum I, 1 (Hervorhebung von mir).

[281] Hirt des Hermas, similitudo V 5, 2; similitudo IX 1, 1; similitudo IX 12, 8.

[282] Aristoteles: Vom Himmel 268a.

[283] Ovid: Metamorphosen VII, 166–196, 261.

[284] Vergil: Aeneïs VI, 229–231.

[285] Horaz: Epistulae I, 1, 36f.

[286] Mit „warmem Wasser" ist hier nicht gewärmtes Wasser gemeint, sondern Wasser, das nicht aus Quellen oder Bächen, sondern etwa aus Zisternen stammt.

[287] Didache 7, 1–3. In Klaus Wengst (vgl. Anm. 275), S. 77. Vgl. aber auch die eingliedrige Formel – „die auf den Namen des Herrn Getauften" – in Didache 8,5 (S. 81 der genannten Ausgabe).

[288] Usener (vgl. Anm. 175), S. 40. Usener verweist auf die Schilderung, die Symeon von Thessalonike von den Taufzeremonien der griechischen Kirche gibt (bei Migne PG 155, 212ff.).

[289] Adolf Bauer, Vom Griechentum zum Christentum, Leipzig 1910, S. 150.

[290] Im Hebräischen ergeht es dem „Geist" besser, dort heißt er *ruach* und ist weiblichen Geschlechts – weshalb unsere feministischen Theologinnen gerne von der „heiligen Geistin" reden.

[291] Harnack (vgl. Anm. 222), Bd. II, S. 286.

[292] Ebd., S. 287.

293 31. Rede des Gregor von Nazianz, zitiert nach der Übersetzung bei Harnack (vgl. Anm. 222), Bd. II, S. 291, Fußnote 2).

294 Siehe etwa die Glaubensregeln in: Irenäus: Adversus haereses I, 10, 1. und III, 4, 2.

295 Staats (vgl. Anm. 43), S. 152; Harnack (vgl. Anm. 222), Bd. I, S. 532, Fußnote 1.

296 Die Quersumme 2+1+3 dieses Jahres ist 6, das Querprodukt 2×1×3 ist ebenfalls 6, die Quersumme teilt also das Querprodukt, das Jahr 213 ist somit ein „perfektes Jahr". Weil Quersumme und Querprodukt sogar identisch sind und ihr gemeinsamer Wert 6 auch noch die erste „vollkommene Zahl" ist, wird der Numerologe das Jahr 213 ein „superperfektes Jahr" nennen, auch wenn man „perfekt" eigentlich nicht steigern kann.

297 Zitiert nach Reinhart Staats (vgl. Anm. 43), S. 45.

298 Ich zitiere hier in der Regel aus Adversus Praxean. Siehe aber auch: Adversus Hermogenem 44,3 und Adversus Valentinianum 12, 5; 18, 1 und 37. 2.

299 Joh 10,30.

300 Origenes: De principiis I, 3, 2.

301 Harnack (vgl. Anm. 222), Bd. I, S. 674.

302 Origenes: Homilien zum Buch Numeri XII, 1.

303 Origenes: De principiis I, 3, 7–8.

304 Origenes: De principiis I, 3, 5.

305 Origenes: Kommentar zum Johannesevangelium XIII, 25. Dazu Harnack (vgl. Anm. 222), Bd. I, S. 671 (bes. Fußnote 5) und S. 673, Fußnote 3. Bei einer genauen Transkription in lateinische Buchstaben müsste man eigentlich „*homoousios*" schreiben, dies ist aber kaum noch üblich.

306 Joh 14,28; 1 Kor 11,3.

307 Denzinger (vgl. Anm. 107), S. 35.

308 Harnack (vgl. Anm. 222), Bd. II, S. 234, Fußnote 2.

309 Zitiert nach Reinhart Staats (vgl. Anm. 295), S. 45.

310 „Licht aus Licht" ist ein Ausdruck Plotins; siehe Enneaden IV, 3, 17, 14.

311 Josef Wohlmuth (Hrsg.): Conciliorum oecumenicorum decreta, Bd. I, Paderborn/München/Wien/Zürich 1998, S. 5.

312 Athanasius: Oratio III, 3 ff.

313 Athanasius' griechisches Wort war das kräftige *tautousios.*

314 Codex Theodosianus 16, 1, 2; aufgenommen in Codex Iustinianus 1, 1, 1.

315 Der letzte Halbsatz weist den Einwand der „Markellianer" ab, dass

am Ende aller Tage kein Christus, sondern nur noch Gott sein wird (1 Kor 15,28). Er stützt sich auf Lk 1,33. Wir haben hier ein besonders hübsches Beispiel dafür, wie man Bibelstellen gegeneinander ausspielen kann.

316 Bei Denzinger (vgl. Anm. 107), S. 84, steht hier unzutreffend „den Herrn und Lebensspender". Im griechischen Text wird der Heilige Geist aber nicht wie Jesus Christus „Herr" genannt, sondern „mächtig".

317 Josef Wohlmuth (vgl. Anm. 311), Bd. I, S. 24.

318 Zitiert nach Reinhart Staats (vgl. Anm. 295), S. 108 (Hervorhebung von mir).

319 Denzinger (vgl. Anm. 107), S. 86f., bes. Abschnitte (1), (16), (18); vgl. aber auch die anderen Abschnitte.

320 Ebd., S. 48.